Quoc Bao Duong

# Diagnostic de services pour le pilotage des SED complexes

Quoc Bao Duong

# Diagnostic de services pour le pilotage des SED complexes

Approche probabiliste pour l'estimation dynamique de la confiance accordée à un équipement de production

Presses Académiques Francophones

**Impressum / Mentions légales**
Bibliografische Information der Deutschen Nationalbibliothek: Die Deutsche Nationalbibliothek verzeichnet diese Publikation in der Deutschen Nationalbibliografie; detaillierte bibliografische Daten sind im Internet über http://dnb.d-nb.de abrufbar.
Alle in diesem Buch genannten Marken und Produktnamen unterliegen warenzeichen-, marken- oder patentrechtlichem Schutz bzw. sind Warenzeichen oder eingetragene Warenzeichen der jeweiligen Inhaber. Die Wiedergabe von Marken, Produktnamen, Gebrauchsnamen, Handelsnamen, Warenbezeichnungen u.s.w. in diesem Werk berechtigt auch ohne besondere Kennzeichnung nicht zu der Annahme, dass solche Namen im Sinne der Warenzeichen- und Markenschutzgesetzgebung als frei zu betrachten wären und daher von jedermann benutzt werden dürften.

Information bibliographique publiée par la Deutsche Nationalbibliothek: La Deutsche Nationalbibliothek inscrit cette publication à la Deutsche Nationalbibliografie; des données bibliographiques détaillées sont disponibles sur internet à l'adresse http://dnb.d-nb.de.
Toutes marques et noms de produits mentionnés dans ce livre demeurent sous la protection des marques, des marques déposées et des brevets, et sont des marques ou des marques déposées de leurs détenteurs respectifs. L'utilisation des marques, noms de produits, noms communs, noms commerciaux, descriptions de produits, etc, même sans qu'ils soient mentionnés de façon particulière dans ce livre ne signifie en aucune façon que ces noms peuvent être utilisés sans restriction à l'égard de la législation pour la protection des marques et des marques déposées et pourraient donc être utilisés par quiconque.

Coverbild / Photo de couverture: www.ingimage.com

Verlag / Editeur:
Presses Académiques Francophones
ist ein Imprint der / est une marque déposée de
OmniScriptum GmbH & Co. KG
Heinrich-Böcking-Str. 6-8, 66121 Saarbrücken, Deutschland / Allemagne
Email: info@presses-academiques.com

Herstellung: siehe letzte Seite /
Impression: voir la dernière page
**ISBN: 978-3-8381-4931-8**

Zugl. / Agréé par: Grenoble, Université de Grenoble, GSCOP.,2012

Copyright / Droit d'auteur © 2014 OmniScriptum GmbH & Co. KG
Alle Rechte vorbehalten. / Tous droits réservés. Saarbrücken 2014

# Table des matières

**Introduction générale**     5

## I  Problématique     8

**1 Contexte général**     9
   1.1 Introduction . . . . . . . . . . . . . . . . . . . . . . . . 9
   1.2 Systèmes Automatisés de Production (SAP) . . . . . . 9
       1.2.1 Structure d'un SAP . . . . . . . . . . . . . . . . 10
       1.2.2 Chaînes fonctionnelles . . . . . . . . . . . . . . 11
            1.2.2.1 Chaîne d'action . . . . . . . . . . . . 11
            1.2.2.2 Chaîne d'acquisition . . . . . . . . . . 12
       1.2.3 Système de pilotage . . . . . . . . . . . . . . . . 13
   1.3 Aléas de fonctionnement . . . . . . . . . . . . . . . . . 15
       1.3.1 Réactivité aux aléas . . . . . . . . . . . . . . . 15
       1.3.2 Diagnostic des défaillances . . . . . . . . . . . . 17
   1.4 Conclusion . . . . . . . . . . . . . . . . . . . . . . . . 19

**2 Problématique et Démarche Proposée**     20
   2.1 Introduction . . . . . . . . . . . . . . . . . . . . . . . . 20
   2.2 Problématique du diagnostic dans le cadre d'une propagation de défaillance . . . . . . . . . . . . . . . . . . 21
   2.3 L'approche développée au GCSP . . . . . . . . . . . . 23
       2.3.1 Modélisation des services offerts . . . . . . . . . 25
       2.3.2 Prise en compte de l'observabilité pour le diagnostic . . . . . . . . . . . . . . . . . . . . . . . . 27
       2.3.3 Modèle pour le diagnostic . . . . . . . . . . . . 28
   2.4 Approche proposée . . . . . . . . . . . . . . . . . . . . 29
   2.5 Conclusion . . . . . . . . . . . . . . . . . . . . . . . . 30

**3 Modèles probabilistes**     32
   3.1 Introduction . . . . . . . . . . . . . . . . . . . . . . . . 32
   3.2 Théorie des probabilités . . . . . . . . . . . . . . . . . 32

|  |  | 3.2.1 | Définitions et propriétés . . . . . . . . . . . . . | 32 |
|---|---|---|---|---|

- 3.2.1 Définitions et propriétés . . . . . . . . . . . . 32
- 3.2.2 Probabilité conditionnelle . . . . . . . . . . . 33
- 3.3 Réseaux Bayésiens . . . . . . . . . . . . . . . . . . . . 34
  - 3.3.1 Définition . . . . . . . . . . . . . . . . . . . . 34
  - 3.3.2 Inférence Bayésienne . . . . . . . . . . . . . . 34
  - 3.3.3 Apprentissage d'un réseau Bayésien . . . . . . 36
  - 3.3.4 Réseaux Bayésiens naïfs . . . . . . . . . . . . 36
  - 3.3.5 Réseaux Bayésiens naïfs augmentés . . . . . . 39
- 3.4 Théorie de Dempster-Shafer . . . . . . . . . . . . . . . 41
  - 3.4.1 Principes fondamentaux . . . . . . . . . . . . 41
  - 3.4.2 Règle de combinaison de Dempster-Shafer . . 43
  - 3.4.3 Aide au diagnostic . . . . . . . . . . . . . . . 43
  - 3.4.4 Discussion . . . . . . . . . . . . . . . . . . . . 45
- 3.5 Chaîne de Markov . . . . . . . . . . . . . . . . . . . . 46
  - 3.5.1 Les processus stochastiques . . . . . . . . . . 47
  - 3.5.2 Chaîne de Markov : Définitions et Propriétés . 47
  - 3.5.3 Modèles de Markov . . . . . . . . . . . . . . . 49
    - 3.5.3.1 Modèle de Markov Observable . . . . 49
    - 3.5.3.2 Modèle de Markov Caché . . . . . . . 51
  - 3.5.4 Discussion . . . . . . . . . . . . . . . . . . . . 52
- 3.6 Réseaux Bayésiens Dynamiques . . . . . . . . . . . . . 53
  - 3.6.1 Représentation de Réseaux Bayésiens Dynamiques 54
  - 3.6.2 Réseaux Bayésien Naïf Dynamiques . . . . . . 56
  - 3.6.3 Positionnement . . . . . . . . . . . . . . . . . 57
- 3.7 Conclusion . . . . . . . . . . . . . . . . . . . . . . . . 58

# II  Modèle de la Confiance du compte-rendu  59

## 4  Confiance du compte-rendu  60
- 4.1 Introduction . . . . . . . . . . . . . . . . . . . . . . . 60
- 4.2 Définition . . . . . . . . . . . . . . . . . . . . . . . . . 60
- 4.3 Analyse des paramètres ayant un impact sur CLFI . . . 61
- 4.4 Spécificité des paramètres ayant un impact sur le CLFI 63
  - 4.4.1 Fiabilité du système de capteurs (R) . . . . . . 63
  - 4.4.2 Position des capteurs (P) dans la chaine d'acquisition . . . . . . . . . . . . . . . . . . . . . 65
  - 4.4.3 Contexte de production (C) . . . . . . . . . . 66
  - 4.4.4 Type de produit (TP) et résultat de contrôle de la machine de métrologie pour chaque type de produit (Me) . . . . . . . . . . . . . . . . . . . 71

|  |  | 4.4.5 Maintenance préventive (PM) et corrective (CM) | 71 |
|---|---|---|---|

4.4.5 Maintenance préventive (PM) et corrective (CM) 71
4.5 Caractérisation du CLFI . . . . . . . . . . . . . . . . . 73
4.6 Conclusion . . . . . . . . . . . . . . . . . . . . . . . . . 73

## 5 Contribution à la modélisation de la confiance 74
5.1 Introduction . . . . . . . . . . . . . . . . . . . . . . . . 74
5.2 Modèle bayésien Naïf . . . . . . . . . . . . . . . . . . . 75
    5.2.1 Méthode de calcul . . . . . . . . . . . . . . . . 75
    5.2.2 Exemple d'application . . . . . . . . . . . . . 76
5.3 Modèle TAN . . . . . . . . . . . . . . . . . . . . . . . . 79
    5.3.1 Modélisation . . . . . . . . . . . . . . . . . . . 79
    5.3.2 Calcul du CLFI . . . . . . . . . . . . . . . . . 80
    5.3.3 Calcul des composantes dans le modèle . . . . . 80
5.4 Modèle RBDCM . . . . . . . . . . . . . . . . . . . . . . 81
    5.4.1 Modélisation . . . . . . . . . . . . . . . . . . . 82
    5.4.2 Proposition du modèle mathématique . . . . . . 83
    5.4.3 Méthode de calcul des composants dans le modèle 84
    5.4.4 Exemple de distribution de la probabilité transitoire . . . . . . . . . . . . . . . . . . . . . . . 85
5.5 Conclusion . . . . . . . . . . . . . . . . . . . . . . . . . 86

## 6 Algorithme de calcul 87
6.1 Introduction . . . . . . . . . . . . . . . . . . . . . . . . 87
6.2 Étape d'apprentissage . . . . . . . . . . . . . . . . . . 87
6.3 Étape de calcul en ligne . . . . . . . . . . . . . . . . . 89
6.4 Algorithme de calcul . . . . . . . . . . . . . . . . . . . 89
    6.4.1 Algorithme de calcul de $P(R_t|Re_t)$ . . . . . . . 90
    6.4.2 Algorithme de calcul de $P(Me_t|Re_t, TP_t)$ . . . . 91
6.5 L'algorithme pas à pas . . . . . . . . . . . . . . . . . . 92
6.6 Conclusion . . . . . . . . . . . . . . . . . . . . . . . . . 95

# III Exemple d'application 96

## 7 Cas d'étude 97
7.1 Introduction . . . . . . . . . . . . . . . . . . . . . . . . 97
7.2 Système de production
de Semi-Conducteur . . . . . . . . . . . . . . . . . . . 97
    7.2.1 Généralités . . . . . . . . . . . . . . . . . . . . 97
    7.2.2 Process de fabrication . . . . . . . . . . . . . 98
    7.2.3 Process de production et maitrise de la qualité de fabrication . . . . . . . . . . . . . . . . . . . 101

7.3 Procédures de contrôle dans le domaine du semi-conducteur 102
    7.3.1 Contrôle de Run to run . . . . . . . . . . . . . . 102
    7.3.2 Contrôle de FDC . . . . . . . . . . . . . . . . . 102
    7.3.3 Contrôle de SPC . . . . . . . . . . . . . . . . . 105
7.4 Conclusion . . . . . . . . . . . . . . . . . . . . . . . . 105

## 8 Modélisation et Résultats    106
8.1 Introduction . . . . . . . . . . . . . . . . . . . . . . . 106
8.2 Système de production considéré . . . . . . . . . . . 106
8.3 Modélisation . . . . . . . . . . . . . . . . . . . . . . . 107
    8.3.1 Modèle . . . . . . . . . . . . . . . . . . . . . . 107
    8.3.2 Processus d'apprentissage . . . . . . . . . . . . 108
        8.3.2.1 Processus de calcul des probabilités : $P(C|Re)$, $P(TP|Re)$, $P(PM|Re)$, $P(CM|Re)$ . . 109
        8.3.2.2 Calcul de la probabilité $P(R|Re)$ . . . 110
        8.3.2.3 Calcul de la probabilité $P(Me|Re, TP)$ 112
    8.3.3 Processus de calcul en ligne du CLFI . . . . . . 113
    8.3.4 Interface de calcul du CLFI . . . . . . . . . . . 114
8.4 Évaluation sur la base de scénarios . . . . . . . . . . 116
8.5 Intégration au diagnostic de service . . . . . . . . . . 118
8.6 Conclusion . . . . . . . . . . . . . . . . . . . . . . . . 120

# Conclusion générale    121

# Introduction générale

Dans un contexte aujourd'hui mondialisé, l'industrie manufacturière se trouve plongée dans un stress permanent lié à une compétitivité extrême. La pérennité des entreprises correspondantes est donc lié à une maîtrise totale de l'outil de production à tous les niveaux de la pyramide CIM, où les maîtres mots des industriels sont plus que jamais : réduction des coûts et des délais de production, amélioration de la qualité de fabrication pour accroître encore la productivité de l'entreprise, faire face aux perturbations internes ou externes qui peuvent occasionner des rejets plus ou moins importants de produits fabriqués.

Nous allons ici nous intéresser plus particulièrement aux améliorations qui doivent être apportées pour faire face aux situations et problèmes inconnus qui peuvent se produire au cours d'un cycle de production : à savoir maîtriser les aléas issus de la partie opérative.

L'étude d'une telle problématique vise à spécifier et concevoir des Systèmes Automatisés de Production en vue d'une meilleure autonomie en présence de dysfonctionnements et ainsi aider les industriels à mieux maîtriser leur production ; nous parlerons de Surveillance et de Supervision.

Dans ce cadre, de nombreuses approches et solutions ont été proposées, accompagnées du développement de procédures fines de supervision, de surveillance et de commande. Parmi ces dernières il est coutume de retrouver des mécanismes de détection des symptômes de défaillances, de diagnostic permettant de retrouver les origines de ces défaillances, de décision visant non seulement à définir de nouveaux objectifs de production mais aussi de synthétiser de nouvelles lois de commande.
L'ensemble de ces fonctionnalités s'appuie généralement sur un modèle de la partie opérative dont l'état doit être en permanence mis à jour non seulement par l'ensemble des évolutions provoquées par l'exé-

cution des lois de commande, mais également vis-à-vis de l'ensemble des informations, plus ou moins certaines et complètes, issues du système de captage.

Le travail que nous présentons dans ce mémoire propose d'apporter sa contribution au domaine de la surveillance et de la supervision, en ligne, des systèmes à événements discrets complexes. Il se place volontairement dans un contexte perturbé par l'occurrence d'aléas de fonctionnement d'une partie opérative (dérives équipements) au sein du quel nous visons à mettre à disposition des équipes de maintenance en atelier les outils nécessaires pour les aider à localiser rapidement les équipements à l'origine probable de défauts produits : **localiser mieux pour maintenir mieux et donc minimiser encore davantage les temps de dérives équipements**.

Si les équipements de production étaient en mesure de détecter de telles dérives, le problème pourrait être considéré comme simple, cependant, l'intégration d'équipements de métrologie au sein des ateliers de production montre le contraire. C'est bien parce qu'il y a systématiquement un doute qu'un équipement de production dérive que la métrologie a été introduite. Aussi, partant du constat que les équipements de production ne peuvent être dotés d'un système de captage couvrant de manière exhaustive l'ensemble des paramètres à observer, que la fiabilité des capteurs est variable dans le temps, que les contextes de production (multi-produits, flux R&D, etc) sont particulièrement stressants, nous nous proposons ici de développer une approche permettant d'estimer en temps réel la confiance qui peut être accordée aux opérations produits réalisées.

Ce mémoire est organisé en trois parties dont les thèmes sont donnés ci-après :

La première partie présente de manière générale la problématique à laquelle nous nous intéressons. Ainsi après avoir exposé le contexte général des systèmes automatisés de production réactifs aux aléas de fonctionnement, nous positionnons nos apports au niveau temps réel de coordination des équipements de production, en particulier au sein d'une approche diagnostique. Sur cette base, nous dévoilerons le cahier des charges des travaux développés dans ce manuscrit, ainsi qu'une étude des principales approches ayant apporté une contribution au domaine de la caractérisation des incertitudes pour le diagnostic ; les approches de type Bayésiennes y sont largement plébiscitées.

La partie II expose notre contribution. Ainsi, après avoir introduit et détaillé le concept de compte rendu d'exécution, nous dévoilons les différents paramètres qui ont une influence significative sur la confiance qui peut leur être accordée. Sur cette base, les différents modèles que nous préconisons sont exposés : modèles Bayésiens Naïfs, Modèles Bayésiens Augmentés et Modèles Bayésiens Dynamiques à chaines de Markov. Chacune de ces propositions répond à un besoin spécifique de modélisation du concept de confiance. A la suite de quoi, cette partie se termine par la présentation des algorithmes de calcul que nous avons développés et qui s'appuient sur les différents modèles soumis.

La partie III développe un exemple d'application des mécanismes proposés sur la base d'un atelier largement inspiré d'un cas d'étude industriel issu du domaine du semi-conducteur. Après avoir présenté d'une façon générale la partie opérative ainsi que son architecture de pilotage, nous proposons non seulement une étape de modélisation centrée sur l'apprentissage des données historiques de production mais également une confrontation de l'atelier logiciel de calcul en ligne de la confiance que nous avons développé à différents scénarios de test. Cette partie se termine par une présentation de l'intégration d'un tel outil à des fins de diagnostic de services.

Première partie
# Problématique

# Chapitre 1
# Contexte général

## 1.1 Introduction

Dans le cadre de ce premier chapitre, nous nous proposons de positionner le contexte général de notre étude. Celle-ci prend place au sein des Systèmes Automatisés de Production (SAP) en environnement stressé par le flux de produit et où le nombre de machines de production et le nombre d'opérations des gammes considérées sont importants. Fort d'une présentation de la structure même de pilotage d'un SAP, nous convergerons rapidement sur la problématique générale auquel ces travaux visent à apporter une pierre supplémentaire, à savoir l'aide à la localisation des équipements de production à l'origine possible des dérives produits détectées en phase de métrologie. Pour cette raison, nous consacrerons la section trois de ce chapitre à une présentation générale et succincte des approches de diagnostic des systèmes à événements discrets complexes.

## 1.2 Systèmes Automatisés de Production (SAP)

Dans le domaine industriel, pour faire face aux enjeux économiques, les entreprises de production manufacturière se sont dotées depuis de nombreuses années d'un outil de production performant, le Système Automatisé de Production (SAP). Nous nous proposons dans ce qui suit de détailler cet outil.

Les Systèmes Automatisés de Production (SAP) se composent de stations de travail majoritairement automatisées et reliées par un système de coordination. Les interventions manuelles sont généralement réservées aux fonctions auxiliaires telles que les changements d'outils,

le chargement et le déchargement des pièces, et les activités de réparation et d'entretien (maintenances). Les SAPs sont donc développés pour :
- Soulager l'homme dans ses tâches pénibles et dangereuses.
- Contribuer à l'amélioration de la productivité des entreprises.
- Transformer des matières premières en produits finis d'une manière rapide. (cf. Figure 1.1)
- Diminuer le temps de production de ces produits et les délais de livraison aux clients [1].
- Répondre aux demandes des clients de plus en plus exigeants [2].
- Réaliser des opérations complexes qui ne peuvent pas être faites manuellement [83].

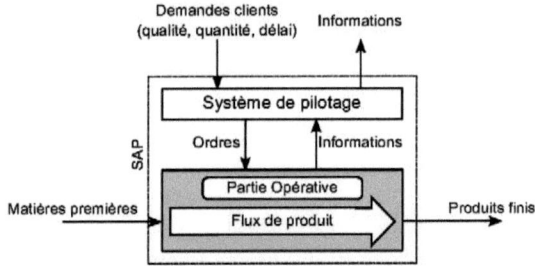

FIGURE 1.1: Entrées/Sorties d'un SAP avec sa structure générale

Afin d'atteindre ces objectifs, le SAP s'appuie sur une flexibilité physique quant à son exploitation [11]. Ceci apporte de la flexibilité des activités physiques de la partie opérative. Elle joue un rôle primordial pour répondre aux incertitudes liées aux aléas de fonctionnement de la partie opérative. Toutefois la flexibilité physique de la partie opérative n'est pas en soi suffisante. Elle doit également s'accompagner d'un système de pilotage capable de décider comment les tâches à réaliser s'adaptent aux spécificités des produits et aux aléas de fonctionnement [110].

### 1.2.1 Structure d'un SAP

D'une manière générale, les SAP disposent d'une structure interne composée de trois parties (cf. Figure 1.1) [83, 29].

**Le flux de produits** représente l'ensemble des entités en cours de transformation dans le SAP (matières premières, transformées, assemblées, produits finis).

**La partie opérative (PO)** qui reçoit des ordres pour les transformer sous forme d'actions physiques (déplacement, mise en rotation...). Elle utilise des énergies telles que l'électricité, de l'air comprimé (pneumatique) et des fluides hydrauliques ; nous parlerons de chaînes d'actions [83]. Elle permet également de mesurer des grandeurs physiques (vitesses, température, position d'un vérin, couleur du produit...) au travers de chaînes d'acquisitions afin de remonter des informations vers le système de pilotage.

**Le système de pilotage** qui commande la partie opérative pour obtenir les effets désirés, par l'émission d'ordres (requêtes) en fonction d'informations disponibles, comptes-rendus, ordre de fabrication et modèles de comportement. Il peut échanger des informations avec des opérateurs humains ou d'autres systèmes. Il surveille l'évolution du flux de produits et de la partie opérative.

### 1.2.2 Chaînes fonctionnelles

Comme nous venons de le voir, la partie opérative est constituée de chaînes d'actions et de chaînes d'acquisitions regroupées généralement sous le vocabulaire de chaînes fonctionnelles [50]. Nous nous proposons de les détailler ci-après.

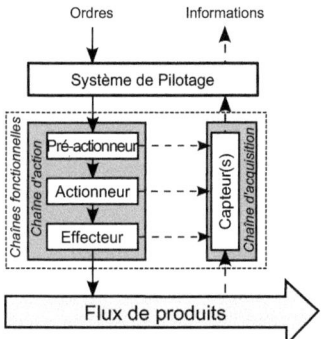

FIGURE 1.2: Eléments de la partie opérative

#### 1.2.2.1 Chaîne d'action

La chaîne d'action est chargée de transformer la matière d'œuvre en fonction du besoin. Elle est constituée de trois éléments [83], quelle que soit la technologie employée (cf. Figure 1.3) :

**Pré-actionneur :** il est chargé de transformer l'énergie électrique produite par le système de pilotage en énergie mécanique, électrique, pneumatique ou encore hydraulique (cf. Figure 1.2).

**Actionneur :** c'est l'élément moteur de la chaîne d'action. Alimenté en énergie de puissance par son pré-actionneur, il fait fonctionner l'effecteur. Par exemple, l'actionneur pneumatique principal est le vérin (cf. Figure 1.2).

**Effecteur :** c'est l'élément de la chaîne d'action en contact avec la matière d'œuvre ou le produit. Il est chargé de sa transformation (cf. Figure 1.2) physique, spatiale, etc.

#### 1.2.2.2 Chaîne d'acquisition

Elle est chargée de prélever des informations sur le processus de production, sur la partie opérative, sur la matière d'œuvre ou sur l'environnement de la chaîne fonctionnelle considérée pour informer le système de pilotage (cf. Figure 1.3) de l'état du processus en cours d'exécution.

Les constituants principaux d'une chaîne d'acquisition sont [83] :
- une chaîne d'acquisition d'information(s) sur l'état de l'équipement et l'état du produit (métrologie). Elle fournit les d'informations nécessaires pour la conduite du procédé en observant les déplacements des actionneurs ou le résultat de leurs actions sur le procédé. Ces informations peuvent être de natures très diverses : présence de matière d'œuvre, positions, pressions, courants électriques, températures, débits, codes, etc,. Sur le plan technologique, elle s'appuie sur des capteurs.
- une chaîne d'acquisition d'informations extérieures (issue de l'opérateur, messages transmis par une autre partie commande)...

La Figure 1.3 illustre graphiquement ce concept de chaînes fonctionnelles. Nous y montrons en particulier pour le vérin V2, le moteur M3 et convoyeur [AB] :
- Les comportements successifs des pré-actionneurs (Électrovanne V2, Contacteur K3), des actionneurs (alimentation V2 sens+, alimentation V2 sens- de l'électrovanne, alimentation M3). L'acquisition de l'information logique de Marche/Arrêt du moteur M3 via le capteur CC-M3.
- Les comportements attendus des actionneurs (avance vérin V2, rotation moteur M3) via les informations logiques fournies par les capteurs (CR-V2 et CP-V2).

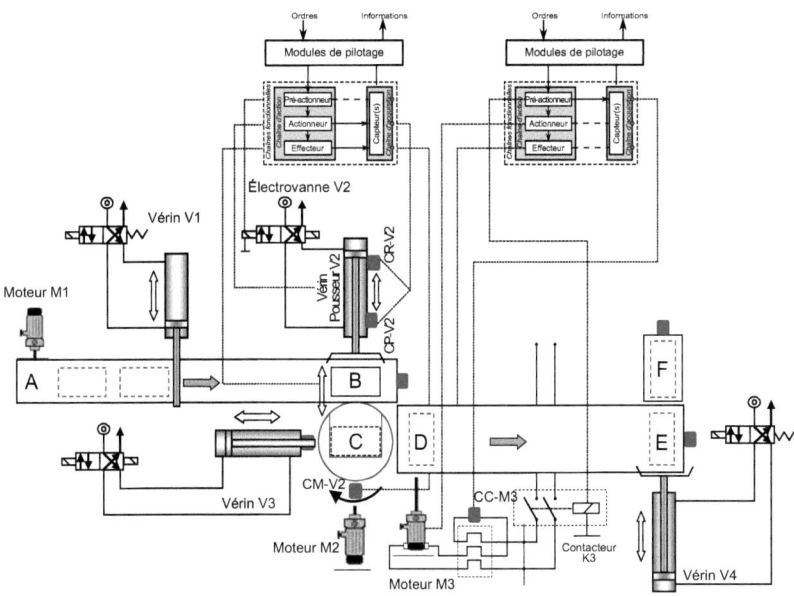

FIGURE 1.3: Exemple de chaînes fonctionnelles

– Les effets successifs attendus sur le produit et la PO, et mesurés au travers des capteurs de position localisés en C, B ou encore A (métrologie spatiale).

### 1.2.3 Système de pilotage

Comme nous venons de le voir, pour une chaîne fonctionnelle, la commande peut s'avérer complexe, mais lorsque le nombre de ces chaînes augmente, une commande centralisée n'est plus envisageable. Afin de prendre en compte ce problème crucial, de nombreuses architectures de pilotage ont été proposées [56]. L'une des solutions la plus utilisée consiste à organiser le système de pilotage en plusieurs niveaux de complexité moindre.

Nous nous proposons ici de retenir le modèle hiérarchique et modulaire de commande structuré en cinq niveaux (cf. Figure 1.4). Il a été proposé sous l'appellation de « Computer Intergrated Manufacturing » au début des années 80 [19].

Le principe de fonctionnement de cette architecture est générique et s'appuie sur un protocole de communication de type *appel/réponse* [56, 20, 111], traduit de l'expression anglais : Remote Procedure Call

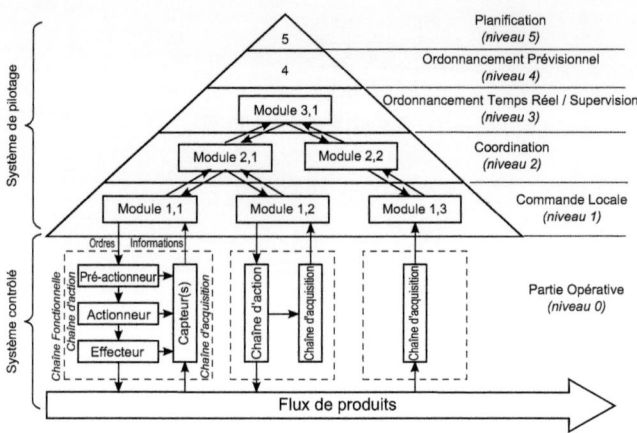

FIGURE 1.4: Architecture CIM

(RPC) (cf. Figure 1.5). Lorsqu'un module de niveau $n$ envoie une requête de commande à un module $n$-$1$, ce dernier la désagrège en $m$ autres requêtes qu'il envoie vers les niveaux inférieurs et ainsi de suite jusqu'à la chaîne d'action.

En fonctionnement normal, une information ou un ensemble d'informations issues d'une chaîne d'informations caractérisent une fin normale d'activité qui se propage ensuite sous la forme de $m$ comptes rendus correspondants aux $m$ requêtes lancées par les niveaux supérieurs. A $m$ requêtes doivent correspondre $m$ CR. Cependant dans un contexte de dysfonctionnement de la partie opérative, un CR caractérise, lorsqu'il est transmis, l'impossibilité du niveau inférieur d'exécuter la requête qui lui a été envoyée. Ce compte-rendu peut être accompagné d'informations complémentaires telles que les raisons de l'impossibilité d'exécuter la requête envoyée. La réception d'un tel compte-rendu traduira forcément un passage en fonctionnement anormal de la partie opérative pilotée par le module en question.

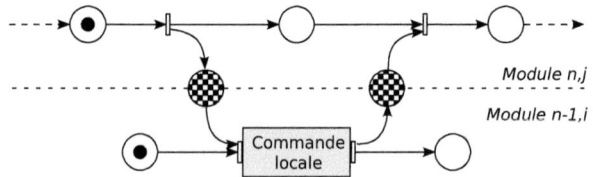

FIGURE 1.5: Protocole de communication

Afin de gérer ce type de CR, il est coutume d'implanter dans l'ensemble de la structure hiérarchique et modulaire un ensemble de fonctionnalités de Surveillance, Supervision et Commande [21], ceci ayant pour but de rendre chacun des modules capable de réagir à l'occurrence d'une défaillance et de prendre l'initiative du processus réactif afin de respecter le principe de confinement [20] de la défaillance :

Il faut autant que faire se peut éviter que la défaillance se propage vers le haut de la pyramide CIM afin d'éviter un blocage de toute la structure.

Dans le cadre de nos travaux, nous nous intéressons principalement aux aléas de la partie opérative.

## 1.3 Aléas de fonctionnement

Les Aléas de Fonctionnement se définissent comme étant des événements non prévus qui viennent perturber le fonctionnement du SAP.
- Aléas de la chaîne fonctionnelle (casse d'outils, panne de capteur, d'un actionneur, etc,.).
- Aléas liés aux opérations de maintenance (corrective, préventive).
- Aléas de la matière première en entrée du SAP (caractéristiques de la matière, non conforme aux attentes).
- Défaillance du système de commande.
- etc...

### 1.3.1 Réactivité aux aléas

La réactivité du système peut être définie comme étant la capacité du système à maintenir la mission qui lui a été confiée en présence d'aléas. De nombreux travaux se focalisent sur cet objectif, comme par exemple [21, 75] au travers du développement de fonctions SSC (Supervision, Surveillance, Commande) qui doivent être intégrées au cœur du système de pilotage. Nous rappelons dans la Figure 1.6 les résultats issus de la communauté scientifique nationale du groupe de travail GT INCOS[1] du GDR-MACS[2].

**Les fonctions de la supervision** se chargent de contrôler et de surveiller l'exécution d'une opération ou d'un travail effectué par d'autres sans rentrer dans les détails de cette exécution [21]. Le rôle des fonctions de la supervision est décisionnel en même

---
1. Groupe de Travail INgénierie de la COmmande et de la Supervision des SED
2. Groupement de Recherche, Modélisation, Analyse et Conduite des Systèmes dynamiques

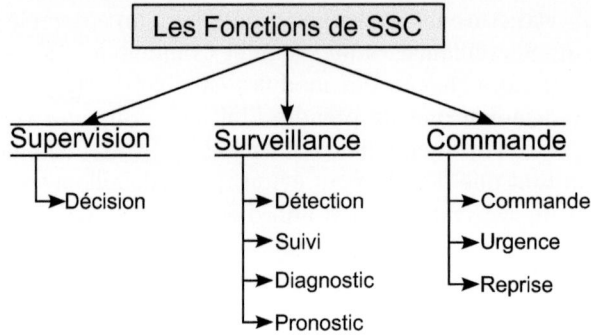

FIGURE 1.6: Les fonctions de pilotage des SAP

temps qu'opérationnel. Elles déterminent un état accessible pour le retour en fonctionnement normal [9] et les différentes actions correctives modifiant la configuration du procédé et de la commande [49].

**Les fonctions de la surveillance** recueillent en permanence tous les signaux en provenance du système contrôlé (chaînes fonctionnelles et flux de produits) et de la commande afin de vérifier en permanence si l'état réel du système considéré correspond à celui attendu. Elles intègrent les fonctions telle que la détection, le suivi, le diagnostic ou le pronostic.

**Les fonctions de la commande** se chargent de contrôler le système en appliquant une séquence d'activités de commande (ordres) à exécuter pour assurer la réalisation d'un produit ou de services contribuant à atteindre un objectif fixé. La commande regroupe toutes les fonctions qui agissent directement sur le système contrôlé : commande dans un but de production, reprise pour assurer un retour en production normale, urgence pour garantir la sécurité des biens et des personnes.

Dans le cadre des fonctions de SSC, de nombreuses approches formelles sont proposées dans la littérature. Le LAGIS[3] présente les relations causales entre les fonctions élémentaires des composants de base du système et le graphe fonctionnel. Ce modèle permet d'identifier un état objectif à l'aide d'un graphe fonctionnel [44, 10]. Ainsi que la proposition d'une approche basée sur l'exploitation des RdP colorés pour proposer une méthodologie de conception des modèles de contrôle de la fabrication du système flexible avec une application industrielle [53].

---

3. Le Laboratoire d'Automatique, Génie Informatique et Signal

Le CRAN[4] [46] a présenté une approche qui combine les techniques de synthèse et d'algorithmes avec une méthode d'automatisation orientée objet, cette dernière fournit des directives pour l'analyse, la conception et la mise en œuvre d'un système de contrôle modulaire. Une architecture de synthèse d'une commande reconfigurable est ainsi proposée. Une approche similaire est proposée par le G-SCOP[5] [50] pour la commande et la reconfiguration dynamique des SED. Elle introduit une synthèse de lois de commande des systèmes automatisés de production en contexte incertain. L'incertain est caractérisé d'une part par les variations imprévues des demandes client, mais également par les aléas de fonctionnement déclarés au niveau de la partie opérative. L'approche proposée utilise une méthode de modélisation de la partie opérative en utilisant un formalisme particulièrement adapté à la complexité des procédés considérés, et une technique de synthèse de lois de commande basée sur un mécanisme de recherche de chemins dans un graphe.

En outre, nous pouvons également citer des contributions telles que la supervision des fonctions : détection, diagnostic, pronostic, décision et contrôle automatique [110] et les travaux de [29] sur le diagnostic de services pour la reconfiguration dynamique des systèmes à événement discrets complexes [50]. Le LAAS[6] a proposé plusieurs approches : la détection de l'occurrence d'un symptôme de défaillance [20] ; la surveillance et le diagnostic actif des SED avec l'objectif de trouver une séquence d'actions (ou d'un plan) admissible qui raffine un diagnostic sans changer radicalement le plan de mission [17] ; les aspects pronostics sont également traités notamment au travers des travaux de [88]. Sur le plan international, nous préconisons la lecture des travaux de [108, 60, 39].

Le contexte général de notre étude étant désormais dévoilée, nous nous proposons maintenant de localiser précisément nos apports au sein de l'approche de Supervision, Surveillance et Commande développée au G-SCOP, en particulier, au niveau de la fonction diagnostic.

## 1.3.2 Diagnostic des défaillances

Dans le cadre du diagnostic, de nombreux travaux proposent des solutions différentes, nous nous proposons de les classifier comme suit :

---

4. Centre de Recherche en Automatique de Nancy
5. Laboratoire des Sciences pour la Conception, l'Optimisation et la Production de Grenoble
6. Laboratoire d'Analyse et d'Architecture des Systèmes

**Méthodes basées sur la connaissance** [113, 54, 105], cette famille utilise une connaissance explicite de relations entre les symptômes, les défaillances et les fautes. La connaissance est fournie par le processus de conception, l'analyse fonctionnelle et structurelle du système, l'analyse des modes de défaillance et de leurs effets (AMDE) ou la modélisation d'un historique de fonctionnement anormal. Ces méthodes sont utilisées pour identifier les causes des défaillances possibles d'un système. Elles se présentent sous la forme d'associations entre effets et causes.

**Méthodes basées sur le traitement de données** [40, 47, 113] utilisent des techniques d'apprentissage numérique et de classification afin d'établir un modèle de référence du système qui est fondé sur l'expérience (exploitation des données, des mesures sous la forme d'historique). Ce modèle de référence modélise le comportement normal du système, il est utilisé pour la détection et le diagnostic. L'objectif de ces méthodes est d'associer un ensemble de mesures à des états de fonctionnement connus du système. Dans ce cas, les capteurs sont supposés fiables et leurs valeurs correctes. Les réseaux de neurones et la logique floue sont généralement utilisés en tant qu'outils supports.

**Méthodes à base de modèles** [25, 106, 29] sont basées sur une connaissance physique du système à diagnostiquer. La méthode de diagnostic s'appuie sur la comparaison du comportement réel observé sur le système physique avec le comportement prédit à l'aide du modèle. La détection d'incohérences permet de conclure sur l'occurrence de fautes dans le système. Un modèle de dysfonctionnement (modèle de fautes) permet de localiser les fautes et éventuellement de les identifier.

Par ailleurs, nous pouvons trouver d'autres approches complémentaires comme par exemple les systèmes experts [113], la reconnaissance de scénario [14], le diagnostic des SED [60], le diagnostic logique [48, 29] ou encore le diagnostic de plan [109]. Elles adressent chacune des facettes particulières du domaine et amènent des réponses intéressantes soit sur le plan du temps de calcul, soit sur celui de la garantie de performance du résultat obtenu soit encore sur celui de la généricité de l'approche. Naturellement, chacune s'accompagne aussi d'un ensemble d'inconvénients comme pour certaines l'énumération exhaustive des défaillances, le temps de calcul conséquent, le manque de robustesse à une évolution de la partie opérative (intégration de nouvelles machines), etc. Parmi ces approches, nous avons retenu celle du diagnostic logique, qui s'appuie sur un raisonnement indépendant du type de système étudié et donc indépendant de l'évolutivité possible de la partie opérative. Elle permet de faciliter l'acquisition de la connaissance du système au travers d'une approche modulaire.

## 1.4 Conclusion

Ce premier chapitre nous a permis de présenter non seulement le contexte de notre étude en particulier marquée par le contexte des Systèmes Automatisés de Production. Nous avons ainsi présenté de manière détaillée les éléments centraux des architectures de pilotage les animant et nous nous sommes ensuite focalisés sur leur fonctionnement en présence d'aléas de fonctionnement. Dans ce contexte, nous nous sommes naturellement intéressés aux approches permettant leur traitement, et en particulier à celles dédiées à la localisation de défauts, à savoir le diagnostic.

Notre approche visant à apporter sa contribution à ce domaine de recherche, le chapitre suivant se propose de détailler cette activité, en particulier au niveau coordination de la pyramide CIM et donc plus particulièrement sur le traitement des phénomènes de propagation de défaillances.

# Chapitre 2

# Problématique et Démarche Proposée

## 2.1 Introduction

Lorsque nous nous plaçons au niveau "coordination" d'équipements de production, plusieurs remontées d'information en réponse à des ordres de fabrication peuvent être perçues. Parmi elles, nous nous intéressons aux comptes rendus anormaux qui caractérisent un dysfonctionnement de la partie opérative. Ces comptes rendus anormaux peuvent être l'image d'un dysfonctionnement de l'équipement considéré (panne d'actionneur, effecteur, etc) ou bien la propagation d'une défaillance portée par le produit lui-même, défaillance donc non détectée par les équipements précédemment intervenus sur ce produit.

Dans le cadre de cette problématique, nous nous sommes volontairement positionnés sur une extension de l'approche de diagnostic de service proposée au sein de l'équipe GCSP [1] du G-SCOP par M. Eric Deschamps [29]. Pour cette raison, et après avoir approfondi la problématique de propagation de défaillances dans les SAP, nous nous proposons dans la section 3 de détailler cette approche de diagnostic logique afin d'en montrer les avantages et limites, limites que nous mettrons en perspective de résolution pour la suite de ce mémoire.

---

1. Gestion et Conduite des Systèmes de Production

## 2.2 Problématique du diagnostic dans le cadre d'une propagation de défaillance

Quelque soit le SAP considéré, il est généralement constitué d'équipements de production de leurs systèmes de pilotage et de leurs chaînes fonctionnelles tels que présentés page 11, figure 1.2. Comme nous avons pu le noter dans ce chapitre, le système de captage (chaîne d'information) est basé sur un ensemble de capteurs dont la position dépend des paramètres à maîtriser, de la technologie disponible et de l'environnement direct (humidité, corrosion, vibrations, projections de matières, etc.). Aussi avons-nous précisé que ces capteurs pouvaient être placés plus ou moins proches du produit sur lequel l'effecteur ou un ensemble d'effecteurs doivent agir. Au mieux, le ou les capteurs sont positionnés sur le produit, au pire ils en sont très éloignés voire non présents. De ce fait, une partie du système de commande (nous incluons ici les chaines d'actions) se retrouve plus ou moins en boucle ouverte tel que nous l'avons représenté dans la figure 2.1. De cette proportion de boucle ouverte/ boucle fermée au sein de la chaîne d'action nait forcément un doute quant à la bonne réalisation de l'ordre transmis sous la forme d'une énergie électrique au pré-actionneur considéré. Dans l'hypothèse que tous les paramètres mesurés correspondent à ceux prévus par la commande, l'équipement de production témoignera systématiquement que l'opération demandée a été réalisée avec succès. Il n'en demeure pas moins que le produit en sortie d'un tel équipement de production portera une part d'incertitude associée à chacune des étapes de production.

Dans un système complexe, le produit subissant de nombreuses étapes de production dans un parc de machines important, le contrôle de paramètres non observés augmente le risque que le produit fini ne corresponde pas aux attentes.

Afin de palier ce problème, des machines de métrologie permettant de mesurer des paramètres impossibles à observer durant une étape de fabrication sont intégrées au sein d'un SAP ; l'idéal étant théoriquement d'en positionner une après chaque équipement de production afin de réduire le retard de détection de défauts produits. Cependant, les coûts de tels équipements et les retards introduits par de tels contrôles sont souvent incompatibles avec les contraintes de productivité attendues. Ces équipements de métrologie sont alors positionnés en nombre limités et contrôlent des produits ayant subi plusieurs étapes (cf. figure 2.2).

Dans une telle configuration, lorsqu'un équipement de métrologie

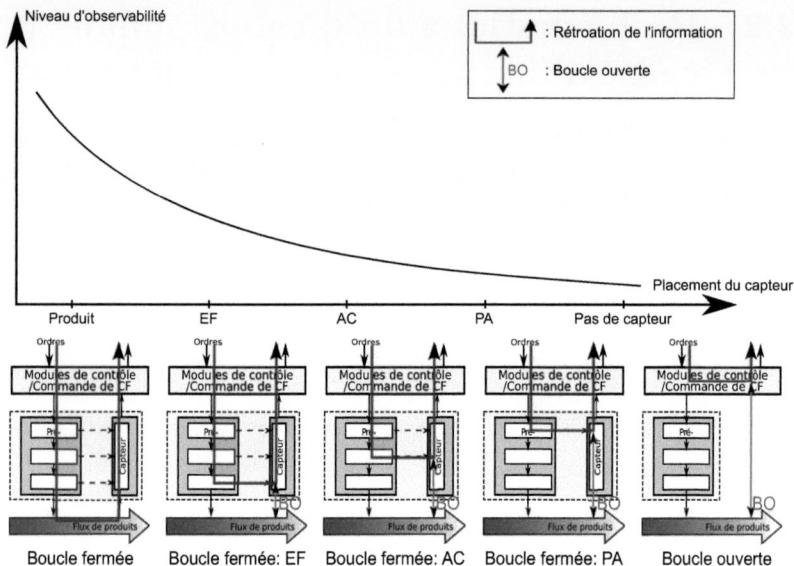

FIGURE 2.1: Niveau d'observabilité

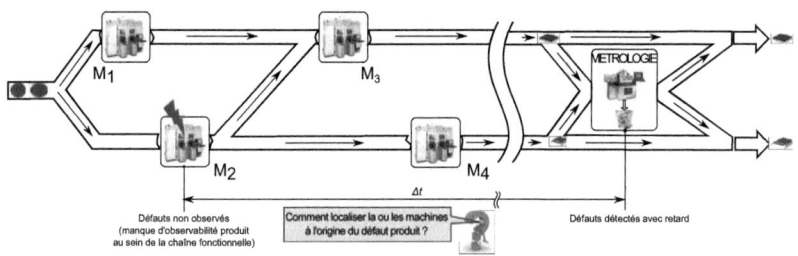

FIGURE 2.2: Problématique de la propagation de défaillances

détecte une dérive produit (par exemple : une mauvaise épaisseur de dépôt de quartz dans l'industrie du semi-conducteur ou encore un taux de poussières trop important) nous mettons en évidence un phénomène de propagation de défaillance entre le moment où la ou les dérives sont apparues et le moment de leur détection. Se posent alors deux problématiques importantes :
  o la localisation de ou des équipements de production à l'origine du défaut produit détecté : diagnostic,
  o l'analyse des conséquences du passage des produits porteurs d'un défaut sur d'autres équipements a priori sains : pronostic.
Plusieurs techniques sont utilisées à ce jour pour résoudre ces pro-

blèmes de localisation, comme par exemple, les FMEA[2] [94], SPC[3] [67], FDC[4] [90], etc, sans jamais donner à ce jour une pleine satisfaction, ne serait-ce que sur la fiabilité des résultats obtenus et de la rapidité de traitement. Dans le cadre de cette thèse, nous nous sommes donc orientés sur des techniques de diagnostic de services en contexte incertain caractérisées par des informations de captage plus ou moins fiables et accessibles. Ces travaux se positionnent précisément dans la suite de ceux menés par l'équipe GCSP[5] et visent à étendre les mécanismes de propagation de contraintes, permettant in fine de projeter des niveaux de suspicion au sein même du modèle de la partie opérative, via l'intégration de méthodes probabilistes permettant de calculer, dynamiquement, la confiance qui peut être accordée aux informations issues du système de captage.

Afin d'appréhender au mieux cette problématique du diagnostic du SED, nous nous proposons de présenter ci-après le mécanisme de diagnostic logique développé au sein de l'équipe GCSP.

## 2.3 L'approche développée au GCSP

L'approche de diagnostic proposée par [29] peut se spécifier au travers du SADT[6] donné figure 2.3.

Elle se positionne au niveau coordination des équipements de fabrication et de métrologie d'un atelier manufacturier.

D'un point de vue général, l'approche se déroule selon la méthodologie présentée dans la figure 2.4 dans laquelle sont mises en évidence trois étapes essentielles :

- La première étape consiste à modéliser, hors ligne, les différents services offerts par la partie opérative. Il s'agit en particulier d'une phase experte durant laquelle l'ingénieur automaticien est amené à modéliser les comportements des différentes opérations offertes par les équipements de l'atelier au travers d'un formalisme issu de la planification automatique largement étendu dans le cadre des travaux de [49].

- La deuxième étape de la méthode se déroule en ligne et est cadencée par différents ordres et comptes-rendus reçus et générés

---
2. Failure Mode and Effects Analysis
3. Statistical process control
4. Fault Detection and Classification
5. Gestion et Conduite des Systèmes de Production
6. Structured Analysis and Design Technique

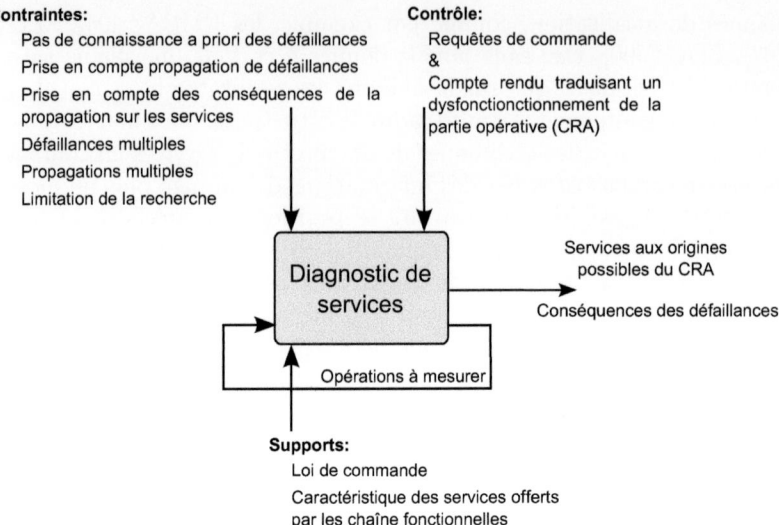

FIGURE 2.3: Diagramme de contexte de la fonction de diagnostic des services [29]

par les différents équipements de fabrications considérés. Ainsi à chaque ordre émis vers un équipement de fabrication, le modèle de l'opération correspondante est inséré dans le modèle de diagnostic. A la réception d'un compte-rendu (CR) de fin d'activité le modèle d'opération est effacé du modèle de diagnostic si et seulement l'effet sur le produit a pu être directement observé. Sinon, le modèle de l'opération est conservé au sein du modèle de diagnostic.

- La troisième étape est déclenchée en présence d'un compte-rendu anormal témoignant de l'incapacité d'un équipement de fabrication à avoir réalisé le service demandé ou bien lorsqu'un équipement de métrologie a détecté un défaut produit. Sous l'hypothèse que les systèmes de pilotage intégrés aux machines de fabrication et de métrologie disposent de compétences de diagnostiqueurs locaux, tout Compte-Rendu Anormal (CRA) remontant au niveau coordination caractérise une propagation de défaillance. A ce moment là un processus de propagation arrière est lancé dans le modèle de diagnostic afin de localiser le ou les équipements à l'origine du défaut. Un processus de propagation avant est ensuite lancé au sein du modèle à des fins de pronostic.

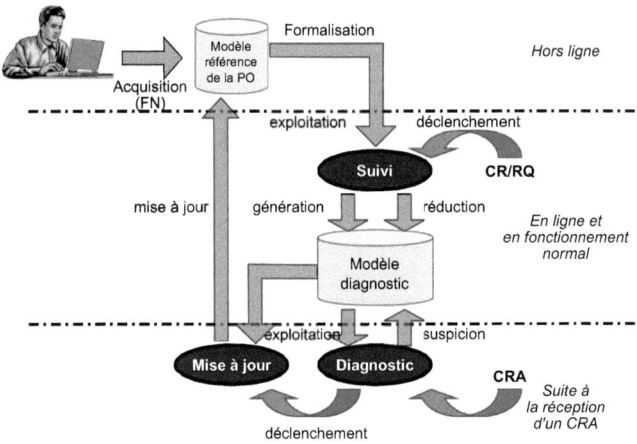

FIGURE 2.4: Diagnostic de services [29]

## 2.3.1 Modélisation des services offerts

La modélisation des services offerts par les équipements de production ou de métrologie s'appuie sur une extension des modèles d'opérations issus du domaine de la planification automatique [49].

Ils prennent la forme d'une fiche très structurée que l'expert atelier doit remplir. Une fiche modélisant une chaîne fonctionnelle $(CF_k)$ est composée de :

- $Du_i$, la durée fixée de l'opération $Oa_i$.
- $ec_i$, l'évolution de la chaîne fonctionnelle, elle composée de :
  o $EfT(ec_i)$, l'effet transitoire sur la chaîne fonctionnelle.
  o $EfF(ec_i)$, l'effet final sur la chaîne fonctionnelle.
  o $PCd(ec_i)$, la pré-condition à respecter avant le lancement de l'opération pour que l'effet transitoire sur la chaîne fonctionnelle soit réalisé.
  o $Cd(ec_i)$, la condition à respecter pendant l'exécution de l'opération pour que l'effet final sur la chaîne fonctionnelle soit réalisé.
  o $PCt(ec_i)$, la pré-contrainte à respecter sur l'état du flux de produits et des chaînes fonctionnelles avant le début de l'opération pour que l'effet transitoire sur la chaîne fonctionnelle.
  o $Ct(ec_i)$, la contrainte à respecter durant l'exécution de l'opération.
  o $IC(EfT(ec_i))$, l'indice de confiance associé à l'effet transitoire sur la chaîne fonctionnelle.

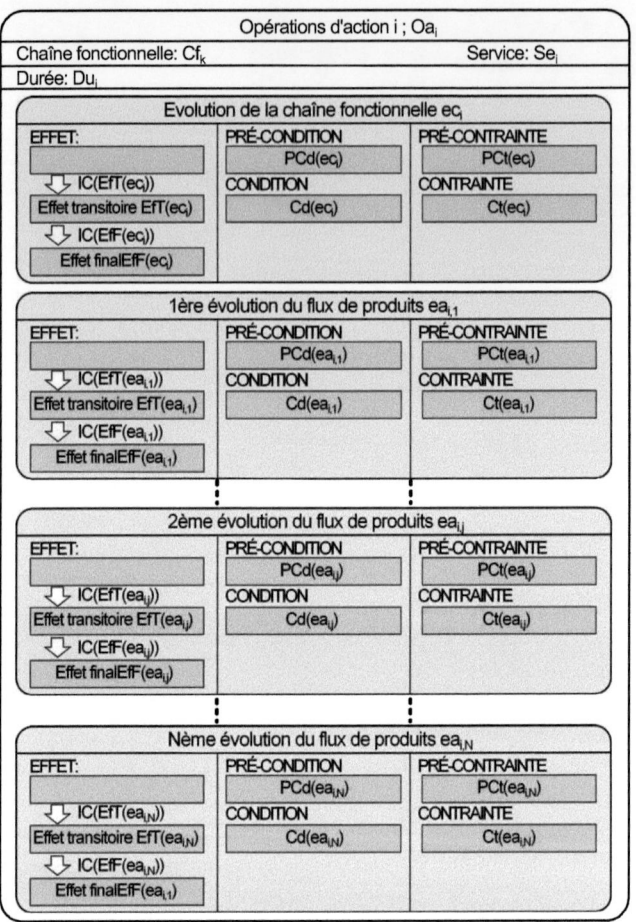

FIGURE 2.5: Formalisation du comportement des opérations d'action

- o $IC(EfF(ec_i))$, l'indice de confiance associé à l'effet final sur la chaîne fonctionnelle.
- $ea(i,j); j \in [1, N_i]$, les évolutions associées du flux de produits, pour une opération $Oa_i$ avec $N_i$ évolution possible du flux de produits. Chaque évolution $ea(i,j)$ se composée de :
  - o $EfT(ec(i,j))$, l'effet transitoire sur le flux de produits.
  - o $EfF(ec(i,j))$, l'effet final sur le flux de produits.
  - o $PCd(ec(i,j))$, la pré-condition à respecter avant le lancement de l'opération pour que l'effet transitoire $EfT(ec(i,j))$ soit réalisé.

- $Cd(ec(i,j))$, la condition à respecter pendant l'exécution de l'opération pour que l'effet final $EfT(ec(i,j))$ soit réalisé.
- $PCt(ec(i,j))$, la pré-contrainte à respecter sur l'état du flux de produits et des chaînes fonctionnelles avant le début de l'opération si la pré-condition $PCd(ec(i,j))$.
- $Ct(ec_i)$, la contrainte à respecter durant toute exécution $ea(i,j)$.

A titre d'exemple, nous proposons au lecteur une telle fiche modélisant le service de sortie du vérin V1 (cf. Figure 2.6).

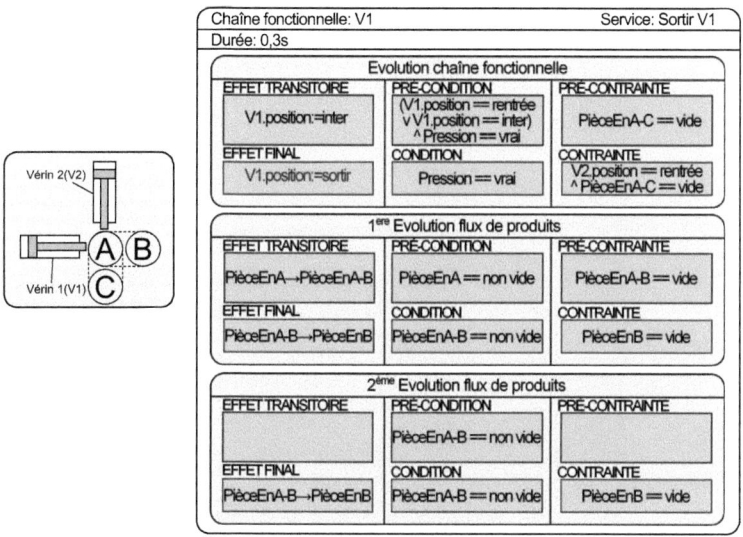

FIGURE 2.6: Description du service sortir V1

### 2.3.2 Prise en compte de l'observabilité pour le diagnostic

Afin de prendre en compte le niveau d'observabilité au sein des chaînes d'actions, [29] a proposé d'étendre encore la modélisation d'opérations avec la prise en compte d'un Indice de confiance (IC) :
- *L'indice de confiance IC (effet sur chaîne fonctionnelle) est égal à une valeur 1 s'il y a correspondance entre l'évolution observée de la variable d'état de la chaîne fonctionnelle et une connaissance de son comportement, 0 sinon.*
- *Si l'indice de confiance IC (effet sur chaîne fonctionnelle) est égal à 1, le diagnostic qualifiera de correcte la valeur donnée à*

*la variable d'état correspondante, et ne la remettra pas en cause dans son analyse future.*

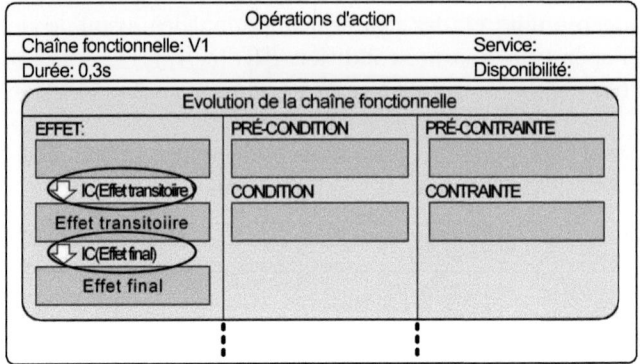

FIGURE 2.7: Description d'une opération d'action avec l'indice de confiance

Cet *IC* est défini ici statique en considérant que la structure d'une chaîne fonctionnelle n'évolue pas au cours du temps. Il est donc considéré comme faisant partie des caractéristiques intrinsèques des services modélisés (cf. Figure 2.7).

### 2.3.3 Modèle pour le diagnostic

Fort de cette modélisation des services offerts par les chaînes fonctionnelles, l'auteur [29] a proposé une génération dynamique d'un modèle relatant l'historique des opérations exécutées en les liant entre elles via leurs variables d'états : les effets résultants d'une opération devenant les pré-contraintes et/ou pré-conditions des suivantes (cf. Figure 2.7).

L'indice de confiance est utilisé ici pour réduire le modèle. S'il vaut 1 l'effet résultant de l'opération est considéré comme certain et l'opération est "effacée" du modèle, ainsi que celles précédentes. Suite à l'application de ce mécanisme certes un peu exclusif, les opérations restantes sont considérées comme potentiellement suspectes si une défaillance venait à être par la suite détectée.

D'un point de vue localisation, un processus de propagation arrière de contrainte est utilisé tel que représenté dans la figure 2.8. Ici, en présence d'un compte-rendu anormal issu d'un équipement de métrologie la suspicion est propagée sur toutes les variables d'états conditionnant l'exécution des opérations précédentes dans le modèle de diagnostic. Il est à noter que sans apport d'autres informations de contexte, ce mécanisme revient à considérer toute la branche partant de la dérive détectée jusqu'à la racine comme étant suspecte. Moins d'équipements de métrologie sont installés, plus l'espace des équipements de production à l'origine possible du défaut produit sera grand.

Aussi, nous nous proposons dans le cadre de ces travaux d'apporter notre contribution afin d'optimiser cette phase de diagnostic, en particulier, en réduisant ou enrichissant en information l'espace de recherche des candidats potentiels à l'origine du défaut détecté. Ceci est un enjeu majeur auquel il faut répondre afin notamment d'optimiser les maintenances correctives en atelier : localiser juste, rapidement et efficacement pour optimiser les interventions.

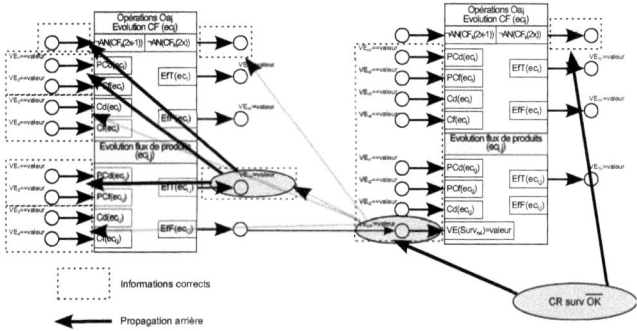

FIGURE 2.8: Propagation arrière de la confiance accordée aux comptes-rendus

## 2.4 Approche proposée

Dans le cadre de ces travaux, notre contribution porte sur une amélioration du processus de diagnostic proposé dans le cadre de la thèse de [29]. Elle se focalise en particulier sur la notion d'indice de confiance pour lequel nous levons l'hypothèse forte faite à savoir qu'il est statique et dépend que de la structure même des chaîne fonctionnelles considérées. Comme nous le découvrirons par la suite, ce dernier présente des caractéristiques tant contextuelles que dynamiques qui requièrent un calcul en ligne permanent. Aussi notre apport se présente sous quatres formes distinctes :
- Une proposition de modification structurelle de l'approche globale développée au sein de l'équipe GSCP.

- Une proposition de modélisation probabiliste de l'indice de confiance.
- Des propositions d'algorithmes de calcul dynamique permettant, sur la base des modèles proposés, d'affiner la valeur de cet indice entre 0 et 1.
- L'intégration de ces contributions au sein de la démarche de localisation d'équipements à l'origine du défaut détecté développée dans la thèse de [29].

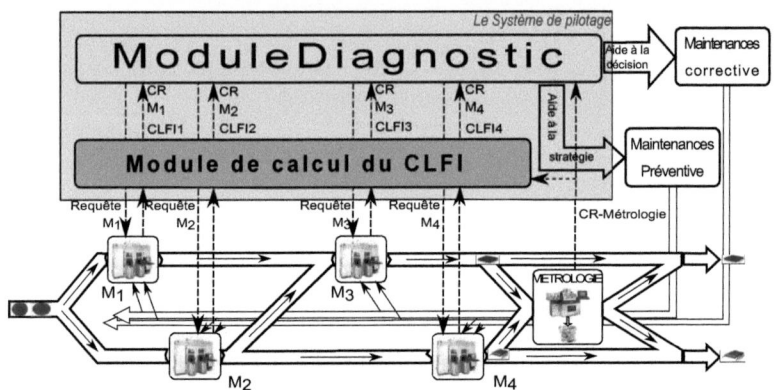

FIGURE 2.9: Démarche de l'approche proposée

La figure 2.9 résume notre contribution, clairement localisée au sein d'un nouveau module de calcul du niveau de confiance associé aux comptes-rendus d'exécution (CLFI[7]).

**Hypothèses de travail :** nous considérerons dans la suite de cette étude que les équipements de métrologie sont exempts de défaillances et que par conséquent leurs résultats sont toujours justes.

## 2.5 Conclusion

Dans le cadre de ce chapitre, nous nous sommes attachés à préciser la problématique. Il s'agit de la problématique du traitement des aléas de fonctionnement au niveau coordination caractérisant un phénomène de propagation de défaillance. Parmi les approches relevant de cette problématique, nous nous sommes proposés d'étendre celle proposée par le passé au sein de notre équipe de recherche, à

---

7. Confidence Level of Feedback Information

savoir celle proposée dans le cadre de la thèse de M. Eric Deschamps. Après avoir présenté les avantages de cette approche ainsi que ses fondements théoriques, nous avons mis en exergue une limite principale liée à une hypothèse forte posée : la confiance accordée aux comptes rendus émis par les équipements de production est statique. Comme nous le verrons par la suite, cette confiance évolue en fonction de nombreux paramètres importants, paramètres qui doivent donc être pris en compte afin d'améliorer l'étape de localisation des machines à l'origine possible de la propagation de défaillance. Notre ambition ici est donc clairement positionnée dans une extension de cette approche afin de participer à une meilleure aide à la localisation et de contribuer à l'optimisation des interventions de type maintenance corrective.

Les paramètres en jeu dans cette problématique présentent des caractères complexes, incertains et dynamiques, le chapitre suivant se propose de présenter un état de l'art général des méthodes et modèles probabilistes à partir desquels nous proposerons une solution au problème posé.

# Chapitre 3
# Modèles probabilistes

## 3.1 Introduction

L'approche proposée visant à contribuer à une estimation dynamique de la confiance qui peut être accordée à un compte de rendu émis par un équipement de fabrication suite à l'exécution d'un service demandé par le niveau coordination. Nous nous proposons dans ce chapitre de donner les bases des approches probabilistes que nous avons retenues pour nos développements et propositions.

Aussi, les sections suivantes se proposent de plonger progressivement au cœur des approches probabilistes pour converger vers celle retenue dans le cadre de ce mémoire : une approche Bayésienne.

## 3.2 Théorie des probabilités

La théorie des probabilités permet de modéliser des phénomènes caractérisés par le hasard et l'incertitude (par exemple pour la classification [87, 41], la prédiction [68, 79, 5], l'estimation [27], etc,). Les méthodes issues de la théorie des probabilités s'appliquent également à la description de systèmes complexes dont nous ne connaissons qu'en partie l'état, comme en mécanique statistique.

### 3.2.1 Définitions et propriétés

La théorie des probabilités sert à modéliser des situations dont notre connaissance est imparfaite. Le manque d'informations est alors représenté par une composante aléatoire.

**Définition 1.** *Un espace probabilisé discret est caractérisé par trois ingrédients :*

- Un univers $\Omega$ : c'est l'ensemble des événements élémentaires de l'expérience, supposés ici discrets (finis ou dénombrables).
- Un ensemble d'événements (ou événements composés) $Z$ : tout événement $A \in F$ est un sous-ensemble de $\Omega$ ($A \subset \Omega$).
- Une distribution de probabilités $p : \Omega \to [0,1]$, satisfaisant

$$\sum_{\omega \in \Omega} p(\omega) = 1$$

$\forall \omega \in \Omega, p(\omega)$ est appelée la probabilité de l'événement élémentaire $\omega$.

**Propriété 1.**
$\forall A \in F$, $0 \leq P(A) \leq 1$.
$P(\Omega) = 1$ ; $P(\emptyset) = 0$.
$\forall \{A_i, i \in N\}$ ; $P(\bigcup_{i \in N} A_i) \leq \sum_{i \in N} P(A_i)$.
$\forall \{A_i, i \in N\}$ et $A_i \cap A_j = \emptyset$ ; $i \neq j$ alors $P(\bigcup_{i \in N} A_i) = \sum_{i \in N} P(A_i)$
$A \subset B$ ; $P(B) = P(A) + P(B \setminus A)$.
$A \subset B$ ; $P(A) \leq P(B)$.
$P(A \cup B) = P(A) + P(B) - P(A \cap B)$.

### 3.2.2 Probabilité conditionnelle

**Définition 2.** Soit $A$ un événement arbitraire d'un ensemble fondamental $\Omega$ tel que $P(A) > 0$. La probabilité conditionnelle de $A$ sachant que l'événement $B$ s'est réalisé, s'écrit $P(A|B)$.

Définition des probabilités conditionnelles :

$$P(A|B) = \frac{P(A \cap B)}{P(B)} \quad (3.1)$$

Nous en déduisons ainsi :

$$P(A \cap B) = P(A|B) \times P(B) = P(B|A) \times P(A) \quad (3.2)$$

L'équation (3.2) peut se généraliser facilement. Soient $A_1, \ldots, A_n$ des événements quelconques d'un espace de probabilités ; à partir de l'équation (3.2), nous obtenons :

$$P(A_1 \cap A_2 \cap \ldots \cap A_n) = P(A_1)P(A_2|A_1)P(A_3|(A_1 \cap A_2)) \\ \ldots P(A_n|(A_1 \cap A_2 \ldots A_{n-1})) \quad (3.3)$$

## 3.3 Réseaux Bayésiens

Les Réseaux Bayésiens (en anglais : *Bayesian networks*; ou les réseaux de croyance : *Belief Networks*; les réseaux probabilistes : *Probabilistic Networks*) sont des graphes dont les nœuds définissent les variables du système et les arcs définissent l'existence de relations entre ces variables [72]. Ils combinent la représentation des connaissances sous une forme graphique (relations de dépendance directe : cause → effet → défaillance) [84].

Ils sont utilisés pour représenter les connaissances incertaines en intelligence artificielle [59] et pour faire des inférences statistiques afin d'actualiser les estimations d'une probabilité ou d'un paramètre quelconque, à partir des observations et des lois de probabilités de ces observations. Ils permettent de traiter des problèmes en mathématique appliquée ou en ingénierie : l'incertitude et la complexité [57].

Les réseaux Bayésiens se représentent sous la forme d'un graphe orienté acyclique (en anglais : **D**irected **A**cyclic **G**raph, DAG) modélisant les dépendances entre un ensemble de variables aléatoires [8]. Un DAG permet de définir la probabilité conjointe de l'ensemble des variables du graphe, il combine des ensembles de nœuds et d'arcs. Les nœuds sont représentés par des variables et les arcs définissent des relations de dépendance entre les variables (les nœuds du graphe).

### 3.3.1 Définition

**Définition 3.** *Un réseau Bayésien [72] est défini par :*
- *un graphe orienté sans circuit (DAG), $G = (V, E)$, où $V$ est l'ensemble des nœuds de $G$, et $E$ l'ensemble des arcs de $G$ ;*
- *un espace probabilisé fini $(\Omega, Z, p)$ ;*
- *un ensemble de variables aléatoires associées aux nœuds du graphe et définies sur $(\Omega, Z, p)$ tel que :*

$$p(V_1, V_2, \ldots V_n) = \prod_{i=1}^{n} p(V_i | C(V_i)) \qquad (3.4)$$

*où $C(V_i)$ est l'ensemble des causes (nœuds parents) de $V_i$ dans le graphe $G$.*

### 3.3.2 Inférence Bayésienne

L'inférence permet de calculer des probabilités conditionnelles (probabilités a posteriori) d'événements reliés les uns aux autres par des relations de cause à effet.

Considérons un modèle, représenté par des paramètres B, dans lequel nous avons observé des échantillons A. Nous pouvons calculer la probabilité a posteriori de B sachant A.

En reprenant l'équation (3.2), nous obtenons la formule de Bayes :

$$P(B|A) = \frac{P(A|B) \times P(B)}{P(A)} \qquad (3.5)$$

avec :
$A$ : Observations
$B$ : Paramètres
$P(A)$ : Probabilité *a priori* de A.
$P(B)$ : Probabilité *a priori* de B.
$P(B|A)$ : Probabilité *a posteriori* de B sachant A.
$P(A|B)$ : Fonction de vraisemblance des paramètres B (Probabilité conditionnelle de A étant donné B-*likelihood probability*)

Le théorème de Bayes permet d'inverser les probabilités, il peut être dérivé simplement en mettant à profit la symétrie de la règle de conjonction (équation 3.2).

Le théorème est une forme développée de cette formule que nous introduisons maintenant. Considérons des événements $A_1, \ldots, A_n$ tels qu'ils forment une partition de l'ensemble fondamental $E$. Par définition, les $A_i$ s'excluent mutuellement et leur union est égale à $E$ :

$$\forall (i \neq j), A_i \cap A_j = \emptyset; \bigcup_{i=1}^{n} A_i = E \qquad (3.6)$$

Soit $B$ un événement quelconque.
De $E = A_1 \cup A_2 \cup \ldots \cup A_n$ et de $B \cap E = B$, nous pouvons en déduire $B = B \cap (A_1 \cup A_2 \cup \ldots \cup A_n)$
Soit, par distributivité $B = (B \cap A_1) \cup (B \cap A_2) \cup \ldots \cup (B \cap A_n)$
Ainsi, nous obtenons la formule dite des « probabilités totales » :

$$P(B) = P(B \cap A_1) + P(B \cap A_2) + \ldots + P(B \cap A_n) \qquad (3.7)$$

En appliquant le théorème de la multiplication, nous obtenons :

$$P(B) = P(B|A_1)P(A_1) + P(B|A_2)P(A_2) + \ldots + P(B|A_n)P(A_n) \qquad (3.8)$$

Or, par la forme simple du théorème de Bayes, nous avons :

$$P(A_i|B) = \frac{P(B|A_i)P(A_i)}{P(B)} \qquad (3.9)$$

D'où le théorème de Bayes :

$$P(A_i|B) = \frac{P(B|A_i)P(A_i)}{P(B|A_1)P(A_1) + P(B|A_2)P(A_2) + \ldots + P(B|A_n)P(A_n)} \quad (3.10)$$

### 3.3.3 Apprentissage d'un réseau Bayésien

L'apprentissage d'un réseau Bayésien vise à répondre aux deux principaux problèmes :
- Estimer les lois de probabilités conditionnelles à partir de données complètes ou incomplètes en supposant que la structure de ce réseau est déjà connue. Ce problème est appelé "apprentissage paramétrique".
- Trouver le meilleur graphe représentant la tâche du réseau Bayésien à partir de données complètes ou incomplètes. Nous parlerons d'apprentissage de la structure.

De nombreux travaux font référence dans ce domaine. De manière non exhaustive certaines de ces références sont présentées dans le tableau 3.1 :

### 3.3.4 Réseaux Bayésiens naïfs

Un réseau Bayésien naïf est un modèle probabiliste utilisé souvent pour la classification. Le classificateur résultant se base sur le théorème de Bayes et permet de calculer les probabilités conditionnelles. Il s'agit d'une forme particulière de réseau Bayésien qui permet de réduire sa complexité en introduisant l'hypothèse de l'indépendance conditionnelle [87]. Le classifieur Bayésien naïf suppose l'existence d'une caractéristique telle que l'appartenance à une classe est indépendante de l'existence d'autres caractéristiques, cela peut apporter de l'intérêt quand nous considérons un équipement de production avec différentes caractéristiques (eg. contexte de production, fiabilité des capteurs, type de produit, etc). Dans le cadre de notre étude, si nous connaissons certaines probabilités conditionnelles, alors comment pouvons-nous chercher les probabilités inconnues pour les données spécifiques ? Le modèle Bayes naïf [23, 55, 64] donne de très bons résultats pour des problèmes de classification et de calcul de probabilité combinant des connaissances et ne nécessitant pas un grand nombre de données pour l'apprentissage ; il permet un calcul rapide [8], ainsi qu'une bonne estimation même avec des données incomplètes [87].

| Structure de RB | Observabilité (données) | Méthode d'apprentissage proposée | Descriptions |
|---|---|---|---|
| connue | complètes | Estimation du maximum de vraisemblance (Maximum-likelihood) | L'estimation statistique d'un événement dans la base de données. [72, 15] |
| connue | incomplètes | Algorithme itératif EM (Expectation-Maximisation) | Recherche des paramètres en répétant jusqu'à la convergence les deux étapes suivantes : Espérance et Maximisation [27] |
| inconnue | complètes | Recherche dans l'espace modèle | Utilisation de la méthode de recherche d'indépendances conditionnelles, de la méthode de recherche de structure à base de scores, de la méthode d'expérimentation, etc,. [76, 72, 3] |
| inconnue | incomplètes | Algorithme itératif EM et recherche dans l'espace modèle | Utilisation de la fonction de scores avec données incomplètes, de la méthode à base de scores, de la méthode d'expérimentation, etc,. [77, 76, 63] |

TABLE 3.1: Apprentissage d'un réseau Bayésien

Si on note par $X = \{x_1, x_2, ..., x_n\}$ l'ensemble des variables observées (attributs, caractéristiques) et $C$ la variable de l'état du système (nœud ou classe), une approche à partir du modèle Bayésien naïf consiste à modéliser la distribution de probabilités conditionnelles $P(C|x_i)$.

La Figure 3.1 donne la structure d'un modèle Bayésien naïf.

Il se base sur la règle de Bayes qui s'énonce de la manière suivante :

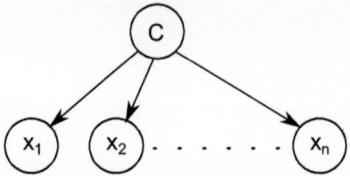

FIGURE 3.1: Structure d'un modèle Bayésien naïf

$$P(C|x_1,\ldots,x_n) = \frac{P(C)\,P(x_1,\ldots,x_n|C)}{P(x_1,\ldots,x_n)} \qquad (3.11)$$

P(C) : Probabilité a priori de l'hypothèse C (en anglais : prior probability)
P(X) : Probabilité a priori des données X
P(C|X) : Probabilité de C étant donné X
P(X|C) : Probabilité de X étant donné C (en anglais : likelihood probability)

Pour calculer l'équation 3.11, nous nous intéressons seulement au numérateur, le dénominateur ne dépend pas de C et donc nous pouvons le considérer comme une constante dans l'équation 3.11. Le numérateur quant à lui peut s'écrire, en appliquant plusieurs fois la probabilité conditionnelle (équation 3.2) de la façon suivante :

$$\begin{aligned}
P(C, x_1, \ldots, x_n) &= P(C)\,P(x_1, \ldots, x_n | C) \\
&= P(C)\,P(x_1|C)\,P(x_2, \ldots, x_n | C, x_1) = \\
&= P(C)\,P(x_1|C)\,P(x_2|C, x_1)\,P(x_3, \ldots, x_n | C, x_1, x_2) \\
&\vdots \\
&= P(C)\,P(x_1|C)\,P(x_2|C, x_1)\,(x_3|C, x_1, x_2)\ldots P(x_n|C, x_1, \ldots, x_{n-1})
\end{aligned} \qquad (3.12)$$

Nous faisons intervenir l'hypothèse naïve : si chaque $x_i$ est indépendant des autres caractéristiques $x_{i \neq j}$, alors : $P(x_i|C, x_j) = P(x_i|C)$ pour tout $i \neq j$, par conséquent la probabilité conditionnelle peut s'écrire :

$$\begin{aligned}
P(C, x_1, \ldots, x_n) &= P(C)\,P(x_1|C)\,P(x_2|C)\,P(x_3|C)\ldots \\
&= P(C) \prod_{i=1}^{n} P(x_i|C)
\end{aligned} \qquad (3.13)$$

Nous poursuivons alors le calcul en développant la probabilité conditionnelle de la variable de classe C. L'équation 3.11 est donc proposée :

$$P(C|x_1,\ldots,x_n) = \frac{P(C) \prod_{i=1}^{n} P(x_i|C)}{P(x_1,\ldots,x_n)} \qquad (3.14)$$

Si la variable C est observée dans les données d'apprentissage ($x_1, x_2, \ldots, x_n$), le modèle Bayésien peut être utilisé en calculant le maximum de P$(C|x_i)$. Si C n'est pas observable, on peut utiliser l'algorithme EM [27] pour regrouper (*clustering*) les données en effectuant alternativement le calcul de l'espérance mathématique pour les données non-observables et le maximum de vraisemblance *(likelihood)*.

Le modèle Bayésien naïf est très efficace pour le calcul de la probabilité de classer de nouveaux ensembles de données d'apprentissage dont la structure est facile à construire par un expert. Par ailleurs, il surpasse l'analyse d'un ensemble de classifieurs complexes sur un grand ensemble de données, notamment lorsque les caractéristiques ne sont pas fortement corrélées. Malheureusement, l'hypothèse de forte indépendance conditionnelle des attributs n'est pas toujours vérifiée en pratique.

### 3.3.5 Réseaux Bayésiens naïfs augmentés

Afin d'alléger l'hypothèse d'indépendance conditionnelle des attributs, il existe de nombreuses méthodes avancées pour étendre le réseau Bayésien naïf. Elles consistent à identifier les dépendances conditionnelles entre les attributs. L'augmentation de la structure naïve a été proposée par [41] comme une extension naturelle du modèle Bayésien naïf. Dans cette structure, chaque attribut dépend au plus d'un autre attribut. [80] a proposé une amélioration des classifieurs Bayésiens naïfs via les connections des paires de variables dans la même distribution conditionnelle. [32] ont présenté une méthode avec une fonction de coût entre 0-1 qui permet de construire des classifieurs Bayésiens naïfs augmentés optimaux. Ainsi, nous obtenons la structure naïve augmentée par un arbre (en anglais : *Tree Augmented Naive Bayes (TAN)*) qui a été proposée par [41]. L'idée est d'imposer la restriction suivante : une classe n'a aucun parent et chaque nœud a comme parents la classe et un autre nœud au plus. [78] utilisent cette dernière extension dans le but d'apprendre efficacement un classifieur de Bayésien Naïf Augmenté par un arbre à partir de bases d'exemples incomplètes. Il existe plusieurs types d'implémentations différentes pour ces modèles. Nous pouvons nous référer, entre autres, à [58], à [38] ou encore à [22].

Parmi ces méthodes, nous nous intéressons à l'approche de [41] qui utilise une structure naïve reliant la classe aux caractéristiques et un arbre reliant toutes les caractéristiques. Dans ce cas, nous pouvons mettre en exergue sept caractéristiques qui sont adaptées à notre étude. Nous les présentons dans les chapitres suivants. L'exemple de la Figure 3.2 comprend les nœuds C, $x_1, x_2, ..x_7$ avec des arcs $C$ et tous les nœuds enfants. Ces derniers sont dépendants des caractéristiques $x_1, x_2, ..x_7$. Nous pouvons calculer P ($C|x_1, x_2, ..x_7$) pour chaque caractéristique.

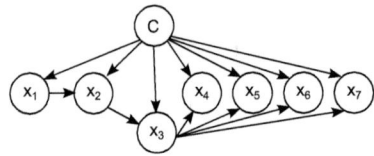

FIGURE 3.2: Structure d'un réseau Bayésien naïf augmenté

En se basant sur l'approche présentée par [41] et sur le modèle de la figure 3.2, nous pouvons réécrire la probabilité a posteriori comme suit :

$$P(C\,|x_1, x_2, x_3, x_4, x_5, x_6, x_7) = \frac{P(x_1,x_2,x_3,x_4,x_5,x_6,x_7|C).P(C)}{\sum_{j}^{m} P(x_1,x_2,x_3,x_4,x_5,x_6,x_7,C=c_j)} \quad (3.15)$$

$$C = \{c_1, c_j, ...c_m\}$$

Où :

$$\begin{aligned}
P(x_1, &x_2, x_3, x_4, x_5, x_6, x_7\,|C) = \\
&= P(x_1\,|C).P(x_2, x_3, x_4, x_5, x_6, x_7\,|C\,, x_1) \\
&= P(x_1\,|C).P(x_2\,|C\,, x_1).P(x_3\,|C\,, x_2). \\
&\quad P(x_4\,|C\,, x_3).P(x_5\,|C\,, x_3).P(x_6\,|C\,, x_3).P(x_7\,|C\,, x_3)
\end{aligned} \quad (3.16)$$

Le modèle de base TAN donne de bons résultats en classification par rapport à l'approche Bayésienne naïve. Néanmoins, les réseaux Bayésiens (statiques) et les modèles TAN ne prennent pas en compte l'aspect temporel lors de la modélisation, ils sont construits en combinant une connaissance préalable des experts et un ensemble de données observées. Dans la pratique, il existe des relations temporelles entre les variables. Une variable peut affecter un lien de causalité et d'autres seront leurs parents dans le réseau. La limitation de considère une variable comme statique a poussé vers l'étude de méthodologies qui peuvent améliorer les performances des modèles par réseaux Bayésiens. Ainsi, l'aspect temporel spécifie le sens de la causalité et joue un rôle important dans la conception d'un réseau Bayésien dynamique.

Dans notre étude, nous considérons des paramètres importants qui ont un impact direct sur la valeur de la confiance telles que la fiabilité des systèmes de mesure, le contexte de production, les activités de maintenance, le type de produits, les historiques de métrologie, etc,. Ces facteurs représentent les nœuds du réseau Bayésien.

## 3.4 Théorie de Dempster-Shafer

La théorie de l'évidence ou théorie des fonctions de croyance a été initiée par [26] sur les bornes inférieures et supérieures d'une famille de distributions de probabilités et puis complétée par [93]. Ce dernier a proposé un modèle mathématique de croyance connu sous le nom de la théorie des fonctions de croyance pour la modélisation de connaissances incertaines. Il permet de manipuler des degrés de confiance (ou masse de croyance) associés à la validité d'une information [103, 81]. Cette théorie est basée sur un modèle d'inférence statistique qui généralise l'inférence Bayésienne. Plusieurs approches distinctes de la théorie de croyance ont été proposées : [98, 97] proposent un réseau de fonctions de croyance pour l'étude de la fiabilité des systèmes s'appuyant sur les algorithmes d'inférence des réseaux Bayésiens. [28] proposent une approche basée sur les procédures supervisées et non supervisées en s'appuyant sur la théorie de Dempster-Shafer pour le diagnostic des systèmes. [100] proposent un modèle des croyances transférables. [89] a montré une évaluation de paramètres de sûreté de fonctionnement en présence d'incertitudes et aide à la conception, etc,. Permettez-nous maintenant de détailler cette théorie.

### 3.4.1 Principes fondamentaux

Supposons $\Omega = \{H_1, H_2, \ldots, H_N\}$ un ensemble de N hypothèses exhaustives et mutuellement exclusives. L'ensemble des parties (les hypothèses $A_i$) de $\Omega$ est noté $2^\Omega$. La théorie de l'évidence est alors caractérisée par une fonction appelée fonction de masse (en anglais : *basic probability assignment (bpa) ou mass function*) :

$$m : 2^\Omega \to [0, 1] \tag{3.17}$$

et vérifie les propriétés suivantes :

$$m(\emptyset) = 0 \quad (3.18)$$

$$\sum_{2^\Omega} m(A_i) = 1 \quad (3.19)$$

Les éléments $A_i$ si $m(A_i) \neq 0$ sont appelés les éléments focaux. Leurs valeurs expriment le degré de l'évidence associée à l'ensemble $A_i$. Cette fonction se différencie d'une probabilité par le fait que la totalité de la masse de croyance est répartie non seulement sur les hypothèses singletons, mais aussi sur les hypothèses combinées. La modélisation issue de cette fonction est appelée jeu de la masse [62]. À partir de la fonction, nous définissons respectivement les fonctions de croyance (fonctions de crédibilité, en anglais : belief function) et de plausibilité (en anglais : plausibility function).

La *fonction de croyance* $Bel(A)$ (croyance que la vérité est dans $A$) est par conséquent la somme des masses des propositions incluses dans $A$. Elle est définie comme la somme de toutes les masses de croyances des sous-ensembles $B$ contribuant à $A_i$ tel que $B \subseteq A_i$ :

$$Bel(A_i) = \sum_{B \subseteq A_i} m(B) \quad (3.20)$$

La *fonction de plausibilité* $Pl(A)$ (la plausibilité que la vérité est dans $A$) est la somme des masses des propositions dont l'intersection avec $A$ n'est pas nulle, elle est la somme de toute les masses de croyance des sous-ensembles $B$ tel que $B \cap A_i \neq \emptyset$ :

$$Pl(A_i) = \sum_{B \cap A_i \neq \emptyset} m(B) \quad (3.21)$$

À partir de la valeur des croyances et des plausibilités, la croyance peut être interprétée comme une mesure de vraisemblance minimale d'un événement et la plausibilité comme une mesure de vraisemblance maximale (croyance en l'événement ajoutée à l'incertain sur sa réalisation). Nous pouvons alors définir un intervalle de probabilité $[Bel(A_i), Pl(A_i)]$ qui contient la valeur précise de la probabilité d'événement par :

$$\forall A \subset \Omega : Bel(A_i) \leq P(A_i) \leq Pl(A_i) \quad (3.22)$$

### 3.4.2 Règle de combinaison de Dempster-Shafer

La théorie de Dempster-Shafer permet de combiner des informations issues de sources différentes, c'est une règle conjonctive normalisée fonctionnant sur l'ensemble $2^\Omega$. Elle produit une masse de croyance unique résultant de la combinaison de plusieurs fonctions de masse issues de sources d'informations distinctes [61]. Cette règle peut s'énoncer comme suit :

La masse $m_\oplus$ résultant de la combinaison de $J$ sources d'information est notée :

$$m_\oplus = m_1 \oplus \ldots \oplus m_j \oplus \ldots m_J \qquad (3.23)$$

où $\oplus$ représente l'opérateur de combinaison (C), $m_1$ et $m_2$ deux jeux de masses associés aux fonctions de croyance $Bel1$ et $Bel2$. Sur le même cadre de discernement, et $A_1, A_2, ..., A_l$ les éléments focaux de $Bel_1$ ainsi que $B_1, B_2, ..., B_n$ ceux de $Bel_2$.

$$m_\oplus(C) = \frac{1}{1-K} \sum_{A_i \cap B_i = C \neq \emptyset} m_1(A_i).m_2(B_j) \qquad (3.24)$$

et où $K$ représente la masse affectée à l'ensemble :

$$K = \sum_{A_i \cap B_j = \emptyset} m_1(A_i).m_2(B_j) \qquad (3.25)$$

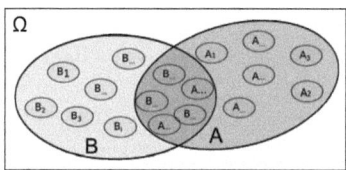

FIGURE 3.3: La règle de Combinaison de Dempster-Shafer

Afin d'appréhender au mieux cette méthode, nous proposons ici au lecteur un simple exemple d'application de cette théorie.

### 3.4.3 Aide au diagnostic

Supposons un SAP tel que montré dans la figure 3.4. Il est constitué de trois équipements de fabrication dont deux de transformation et un d'assemblage. Un équipement de métrologie permet de contrôler le produit fini. Supposons dans ce cas que la métrologie détecte une dérive produit. Comment pouvons-nous localiser le ou les équipements qui sont à l'origine du défaut sur la base de la théorie de Dempster-Shafer.

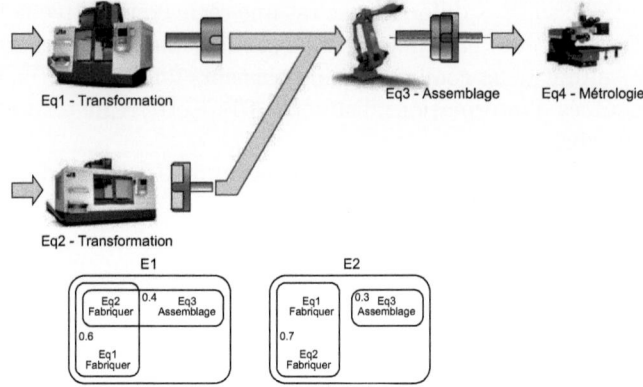

FIGURE 3.4: Exemple pour appliquer la théorie de Dempster-Shafer

Un sondage réalisé auprès des opérateurs du système donne le résultat suivant :
- 60% défauts sont dus aux équipements : $Eq_1$ et $Eq_2$.
- 40% défauts sont dus aux équipements : $Eq_2$ et $Eq_3$.

En outre, une analyse statistique de la base de données historiques donne le résultat suivant :
- 70% des causes du défaut sont d'origine *Transformation*.
- 30% des causes du défaut sont d'origine *Assemblage*.

Nous proposons alors d'écrire les fonctions de masse suivantes :
$m_1(\{Eq_1, Eq_2\}) = 0.6$
$m_1(\{Eq_2, Eq_3\}) = 0.4$
$m_2(\{Eq_1, Eq_2\}) = 0.7$
$m_2(\{Eq_3\}) = 0.3$

L'application de l'équation (3.25) de Dempster-Shafer donne alors le résultat suivant :

$$K = m_1(\{Eq_1, Eq_2\}) \cdot m_2(\{Eq_3\}) = 0.6 \cdot 0.3 = 0.18 \qquad (3.26)$$

En utilisant la règle de combinaison issue de l'équation (3.24), nous obtenons :

$$m(\{Eq_1, Eq_2\}) = \frac{m_1(\{Eq_1, Eq_2\}) \cdot m_2(\{Eq_1, Eq_2\})}{1 - K} = \frac{0.6 \cdot 0.7}{1 - 0.18} = 0.512 \qquad (3.27)$$

$$m(\{Eq_2\}) = \frac{m_1(\{Eq_2, Eq_3\}) \cdot m_2(\{Eq_1, Eq_2\})}{1-K} = \frac{0.4 \cdot 0.7}{1-0.18} = 0.341 \tag{3.28}$$

$$m(\{Eq_3\}) = \frac{m_1(\{Eq_2, Eq_3\}) \cdot m_2(\{Eq_3\})}{1-K} = \frac{0.4 \cdot 0.3}{1-0.18} = 0.146 \tag{3.29}$$

La crédibilité résultante peut alors s'écrire :

$$\begin{aligned} Bel(\{Eq_1\}) &= 0.512 \\ Bel(\{Eq_2\}) &= 0.341 + 0.512 = 0.853 \\ Bel(\{Eq_3\}) &= 0.146 \end{aligned} \tag{3.30}$$

A partir de ces résultats, nous pouvons estimer que l'équipement 2 est probablement à l'origine du défaut (avec 85,3%).

### 3.4.4 Discussion

Les avantages de la Théorie de Dempster-Shafer, ont été présentés par [99], qui a fourni une vue d'ensemble sur les applications, les méthodes et les approches par la présentation d'exemples spécifiques. Ces critères ont été proposés comme suit :

*"The major discriminating criterion is : if there exists a probability measure with known values, use the Bayesian model, if there exists a probability measure but with some unknown values, use the ULP[1] models, if the existence of a probability measure is not known, use the TBM[2]. Dempster's model is essentially a special case of ULP model, The EVM[3] and the probability of modal propositions (provability, necessity, etc) corresponds to a special use of the Bayesian model".*

Dans les problèmes que nous étudions, les paramètres sont issus de bases de données et à un certain moment nous recevons des rapports de l'équipement après la fin de l'opération. Par conséquent, notre problème correspond à l'utilisation du modèle par réseaux Bayésiens, les autres modèles de Dempster-Shafer n'étant pas vraiment appropriés dans ce cas.

---
1. Upper and Lower Probabilities
2. Transferable Belief Model
3. Evidentiary Value Model

De plus, l'approche utilisant la théorie de Dempster-Shafer est caractérisée par une complexité qui croit exponentiellement en fonction de la taille du problème. Si nous supposons un ensemble de N hypothèses exhaustives de $\Omega$, il y aura jusqu'à $(2^N - 1)$ éléments focaux pour la fonction de masse. Aussi, pour la combinaison de deux fonctions de masse, le calcul peut aller jusqu'à $2^N$ intersections, ce qui augmente encore la complexité.

Dans ce cas, l'estimation des fonctions de masse et le choix de leur modélisation doivent être réalisées à partir d'une bonne connaissance des données. Une phase d'apprentissage est souvent indispensable (i.e. [66]). Donc, d'autres approches sont alors à envisager. Par exemple, la théorie des possibilités associée aux sous-ensembles flous et la théorie des croyances ont été introduits pour la représentation et le traitement de l'information imprécise et incertaine [89]. Dans l'approche de [96], les auteurs ont utilisé la théorie de Dempster-Shafer au sein d'un outil de réseaux Bayésiens pour traiter les problèmes d'incertitudes et d'imprécisions de la fiabilité des systèmes. Néanmoins, cette approche ne traite que l'incertitude épistémique de l'état du système en fonction de l'incertitude épistémique de l'état du composant, mais sans considérer d'autres facteurs liés au système tels que le contexte de production, le type de produits, les variations de la production et les spécifications du produit. Par conséquent, ceux-ci sont incompatibles avec le contexte et notre problème.

Comme nous avons pu le voir dans les sections précédentes, le temps n'est pas pris en compte dans les estimations de probabilités. Pourtant, il s'avère rapidement incontournable à prendre en compte dans les systèmes complexes où l'ordre temporel de passage des produits sur les équipements joue un rôle important.

Pour cette raison, nous proposons au lecteur une présentation d'autres méthodes incluant quant à elles la composante temporelle. Ainsi les deux sections suivantes vont s'attacher à présenter les modèles de Markov et les réseaux Bayésiens dynamiques.

## 3.5 Chaîne de Markov

Lorsqu'il y a incertitude sur un événement futur, il est courant d'avoir recours aux modèles markoviens. Une chaîne de Markov est de manière générale un processus de Markov à temps discret ou un processus de Markov à temps discrets et à espace d'états discret. Elle décrit un système dont l'évolution ne dépend que de son état présent (pas de son histoire). Les processus de Markov portent le nom de leur découvreur, Andrei Andreyevich Markov (1856-1922) un mathématicien russe.

Les bases théoriques concernant les approches markoviennes dans les applications de diagnostic ont été proposées par [16], ou dans les recherches des propriétés des chaînes de Markov [95]. Pour en savoir plus sur la chaîne de Markov, nous les présentons ici sur la base d'une analyse réalisée par [102].

### 3.5.1 Les processus stochastiques

Un processus stochastique (ou processus aléatoire) est une famille $\{X_1, X_2, \cdots X_t, t \in I\}$ de variables aléatoires définies sur un même espace de probabilité $(\Omega, F, P)$. Le processus est à temps discret. Si $I$ est discret (e.g., $I = \{1, 2, 3, \cdots\}$), la variable $X_t$ représente l'état du processus au temps $t$ (observation au temps $t$) et l'ensemble de toutes les valeurs possibles pour cette variable est appelée l'espace des états du processus et sera noté $S$.

Les différentes variables aléatoires ne sont en général pas indépendantes les unes des autres. Ce qui fait réellement l'intérêt des processus stochastiques est la dépendance entre les variables aléatoires.

Pour décrire entièrement un processus stochastique, il suffit de spécifier :
- la loi de probabilité $P(X_1 = x_j)$ de la première variable aléatoire $x_j$, qui spécifie donc l'état du processus lors de la première observation, e.g., l'état initial $X_1$.
- pour toute valeur d'observation/état subséquent de $(X_{t+1} : t = 1, 2, \cdots)$ la probabilité conditionnelle : $P(X_{t+1} = x_{t+1} | X_1 = x_1, \cdots, X_t = x_t)$

### 3.5.2 Chaîne de Markov : Définitions et Propriétés

**Définition 4.** *Le processus stochastique $(X_n)_{n \geq 0}$ à valeurs dans $\Omega$ ensemble fini ou dénombrable est une chaîne de Markov si $\forall n \in N$, $\forall x_0, \ldots, x_n, y \in \Omega$, pour laquelle $P(X_{n+1} = y | X_0 = x_0, \ldots, X_n = x_n) > 0$, nous avons :*

$$P(X_{n+1} = y | X_0 = x_0, \ldots, X_n = x_n) = P(X_{n+1} = y | X_n = x_n) \quad (3.31)$$

Cette définition est la propriété de Markov.

Dans un système de production, nous énonçons souvent cette propriété de manière informelle en disant que, pour une chaîne de Markov (où l'indice $n$ est interprété comme un temps $t$), les états futurs du système ne dépendent de ses états passés que par l'intermédiaire de l'état présent.

**Définition 5.** *Une chaîne de Markov est dite homogène si pour* $\forall x > 1$ *et* $\forall x, y \in S$, *nous avons :*

$$P(X_n = x | X_{n-1} = y) = P(X_1 = x | X_0 = y) \quad (3.32)$$

Dans ce cas, nous voyons que l'évolution de la chaîne est caractérisée par la matrice $P = P(x, y)$ est appelée *probabilité de transition* de $x$ à $y$ sur $SÖS$ définie par :

$$P(x, y) = P(X_1 = x | X_0 = y)$$

Cette fonction P vérifie les propriétés suivantes :
- $\forall x \in S, \forall y \in S, 0 \leq P(x, y) \leq 1$
- $\forall x \in S, \Sigma_{\forall y \in S} P(x, y) = 1$

**Propriété 2.** *Probabilités de transition en m étapes*
*La probabilité conditionnelle d'aller de $i$ à $j$ en $m$ étapes exactement est :*

$$p_{ij}^{(m)} = P(X_m = j | X_0 = i) = P(X_{n+m} = j | X_{n=i}); \forall n \geq 1$$

Cette probabilité est indépendante de $n$ car le processus est homogène et est appelé la probabilité de transition en $m$ étapes de $i$ à $j$. La matrice $P^{(m)}$ dont l'élément $(i; j)$ est égal à $p_{xy}^{(m)}$ est appelée la *matrice de transition* en $m$ étapes. Cette matrice $P^{(m)}$ a la propriété suivante :

$$P^{(m)} = \begin{bmatrix} p_{11} & \dots & p_{1m} \\ \dots & \dots & \dots \\ p_{m1} & \dots & p_{mm} \end{bmatrix}; p_{ij} \geq 0; \sum_{j=1}^{m} p_{ij} = 1, i = 1, ..., m$$

Un processus de Markov peut ainsi être représenté par un automate fini :
- Chaque état du processus est représenté par un état de l'automate
- Une transition de l'état $i$ à l'état $j$ est étiqueté par la probabilité $p_{ij}$.

**Propriété 3.** *Distribution initiale*
La distribution des états d'une chaine de Markov après n transitions est notée $\pi^{(n)}$. Cette distribution est un vecteur de probabilités contenant la loi de la variable aléatoire $X_n$ :

$$\pi_i^{(n)} = P(X_n = i); \forall i \in S \quad (3.33)$$

La distribution initiale est $\pi^{(0)}$. Si l'état initial est connu avec certitude et est égal à i, nous avons :

$$\pi_i^{(0)} = \begin{cases} 1 & i = j \\ 0 & i \neq j \end{cases}$$

**Propriété 4.** *Soit P la matrice de transition d'une chaine de Markov $\pi^{(0)}$ et la distribution de son état initial. Pour tout $n > 1$, nous avons :*

$$\pi^{(n)} = \pi^{(n-1)} P; \pi^{(n)} = \pi^{(0)} P^n \quad (3.34)$$

### 3.5.3 Modèles de Markov

Le modèle de Markov permet de traiter les problèmes avec informations incertaines ou incomplètes déclinables selon deux représentions : Observable ou Caché.

#### 3.5.3.1 Modèle de Markov Observable

Nous distinguons le processus du système dépendant du temps (discret) $S = \{s_1, s_2, ..., s_T\}$ qui représente l'évolution des états du Modèle de Markov et à chaque pas de temps $t$ nous connaissons l'état $S_t$. Une séquence d'observations $O = \{o_1, o_2, ..., o_T\}$ correspond à la séquence d'états réels du système $S = \{s_1, s_2, ..., s_T\}$ 

$$O = S = \{s_1, s_2, \ldots, s_T\}$$

Un modèle $\lambda$ est dit observable si les états sont directement observables. Il est caractérisé par une matrice de transition $A$ et un vecteur d'initialisation $\Pi$ :

$$\lambda = \{\Pi, A\} \quad (3.35)$$

La probabilité d'obtenir une certaine séquence d'observations est représentée par :

$$P(O=S|A,\Pi) = P(s_1)\prod_{t=2}^{T} P(s_t|s_{t-1}) = \pi_{s_1} a_{s_1 s_2} a_{s_2 s_3} \ldots a_{s_{T-1} s_T}$$
(3.36)

où :

$S_t$ : état de l'automate à l'instant t (observable).
$\Pi = (\pi_i)$ : la table de probabilités de l'état initial de la CM.
$A = (a_{ij})$ : matrice $N \times N$ des probabilités de transition de la CM.
**T** : la taille d'une sequence d'observations.

**Exemple :** Considérons un processus à deux étapes et un espace des états $S = \{0, 1\}$. Dessinons alors 2 états symbolisant : 0 = l'état du système n'est pas bon, 1 = l'état du système est bon. La probabilité initiale de 0 est $\delta$. Lorsque le système est dans l'état 0, il se déplace vers l'état 1 avec la probabilité $\alpha$ (et reste dans le même état 0 avec la probabilité $(1-\alpha)$. Quand le système est dans l'état 1, il reste dans le même état avec la probabilité $(1-\beta)$ (et se déplace vers l'état 0 avec la probabilité $\beta$). Un graphe probabiliste représente la chaîne de Markov correspondante et est illustré dans la figure 3.5. La somme des probabilités des flèches partant d'un point doit être égale à 1.

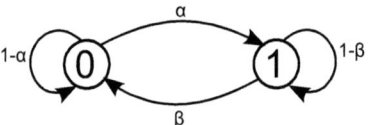

FIGURE 3.5: Chaîne de Markov à deux états

Les probabilités conditionnelles s'écrivent selon la matrice de transition suivante :

$$P = \begin{pmatrix} P(X_t = 0|X_{t-1} = 0) = 1 - \alpha & P(X_t = 1|X_{t-1} = 0) = \alpha \\ P(X_t = 0|X_{t-1} = 1) = \beta & P(X_t = 1|X_{t-1} = 1) = 1 - \beta \end{pmatrix}$$

Nous pouvons alors représenter le modèle du système en tant que Modèle de Markov observable :
- $S = \{0, 1\}$
- Probabilités initiales : $\pi_{s_0} = \delta$ ; $\pi_{s_1} = 1 - \delta$
- Probabilités de transitions : $A = P = \begin{bmatrix} 1-\alpha & \alpha \\ \beta & 1-\beta \end{bmatrix}$

Probabilité d'observer la séquence $O = \{s_0, s_0, s_1, s_1\}$ :

$$P(O|A, \Pi) = P(s_0)P(s_0|s_0)P(s_0|s_1)P(s_1|s_1)$$
$$= \pi_{s_0} a_{s_0 s_0} a_{s_0 s_1} a_{s_1 s_1} = \delta.(1-\alpha).\alpha.(1-\beta)$$

### 3.5.3.2 Modèle de Markov Caché

Dans ce paragraphe nous présentons les principes fondamentaux du Modèle de Markov Caché (MMC). Il s'appuie sur le tutorial de [12] et [102], complété par les travaux de [43, 18].

Un Modèle de Markov Caché (MMC) ou HMM (en anglais : Hidden Model Markov) est un processus doublement stochastique dont une composante est une chaîne de Markov non observable. Ce processus peut être observé au travers d'un autre ensemble de processus qui produisent une suite d'observations. C'est un modèle qui décrit les états d'un processus markovien à l'aide des probabilités de transition et des probabilités d'observation d'états.

Nous distinguons le processus du système dépendant du temps (discret) $S = \{s_1, s_2, ..., s_T\}$ qui représente l'évolution des états du MMC et le processus $O = \{o_1, o_2, ..., o_T\}$ qui représente la suite des symboles émis par le MMC. C'est un automate à N états distincts $S_t$

La figure 3.6 présente un exemple de modèle de Markov caché où :

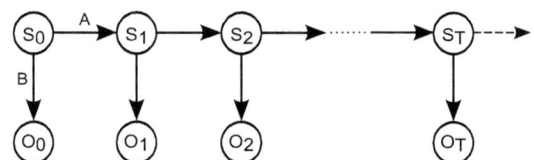

FIGURE 3.6: Exemple d'un modèle de Markov caché

$S_t$ : état de l'automate à l'instant t (non observable).

**M** : le nombre de symboles observables.

**N** : le nombre d'états cachés.

$V = \{v_1, v_2, ..., v_M\}$ : l'ensemble des symboles observables.

$Q = \{q_1, q_2, ..., q_N\}$ : l'ensemble des états cachés.

$\Pi = (\pi_i)$ : la table de probabilités de l'état initial.

$A = (a_{ij})$ : matrice $N \times N$ des probabilités de transition.

$B = (b_i(v_k))$ : matrice $N \times M$ des probabilités des observations.

**T** : la taille d'une séquence d'observations.

*Un Modèle de Markov Caché est défini ainsi par :*

$$\lambda = (A, B, \pi) \tag{3.37}$$

$A$ est une matrice de transition ; elle utilise l'hypothèse de Markov du premier ordre tel que l'état courant ne dépend que de l'état précédent. Il est à noter que les probabilités de transition d'état sont indépendantes du temps :

$$A = [a_{ij}] \,; a_{ij} = P(q_t = s_j | q_{t-1} = s_i) \tag{3.38}$$

$B$ est la matrice d'observation qui décrit la probabilité de l'état $v_k$ par l'état $q_i$ et indépendamment de t :

$$P(O_t | S_t, O_{t-1}) = P(O_t | S_t) \,; t = 1, 2, ... \tag{3.39}$$

$$B = [b_i(v_k)] \,; b_i(v_k) = P(o_t = v_k | q_t = s_i) \tag{3.40}$$

De manière générale les MMC visent à traiter trois problèmes fondamentaux.

**Problème 1 :** Définir les probabilités d'une séquence d'observations : étant donné la séquence d'observations $O_T = \{o_1, o_2, ..., o_T\}$ et le modèle de paramètre $\lambda = (\Pi, A, B)$, comment calculer $P(O_T | \lambda)$ ?

**Problème 2 :** Choisir la séquence optimale d'états connaissant les observations : étant donné la séquence d'observations $O_T = \{o_1, o_2, ..., o_T\}$, comment choisir la séquence optimale d'états sous-jacentes de Markov ?

$$S^* = \arg\max_{S} P(S | O_T, \lambda)$$

**Problème 3 :** Ajuster les paramètres $\lambda$ : étant donné la séquence d'observations $O_T = \{o_1, o_2, ..., o_T\}$, comment ajuster les paramètres $\lambda = (\Pi, A, B)$ afin de maximiser $P(O_T | \lambda)$ ?

$$\lambda^* = \arg\max_{\lambda} P(O_T |, \lambda)$$

### 3.5.4 Discussion

Le modèle de Markov est un outil stochastique puissant. Cependant, ils ne sont pas totalement adaptés à nos attentes. En particulier, à un instant $t$, chaque composant observé $o_t$ comprend un ensemble de

$l$ valeurs différentes $o_t = \{x_1^t, x_2^t, \ldots x_l^t\}$ (les paramètres du système : position de capteurs, fiabilité du système de mesure, contexte de production, etc,) [71]. En outre, les variables d'état du compte-rendu dans le système considéré sont observées, alors que les variables d'état du modèle MMC sont cachées.

Quelques études ont montré l'intérêt de combiner des Réseaux Bayésiens Dynamiques (RBD) avec une chaîne de Markov [107, 4, 86] pour effectuer des tâches telles que le diagnostic, la surveillance, la prévision, ou encore la modélisation de la fiabilité des procédés de fabrication complexes. La combinaison du processus de Markov avec la méthode RBD est idéale pour le calcul de la fiabilité de systèmes complexes tels que les systèmes de fabrication de semi-conducteurs. Elle va être introduite dans la section suivante.

## 3.6 Réseaux Bayésiens Dynamiques

Ces dernières années, certaines approches de Réseaux Bayésiens Dynamiques (RBD), MMC et Réseaux Bayésien Naïf Dynamiques (RBND) ont été développées. Les RBD ont été proposés en 1989 par [24]. Il s'agit d'une extension des réseaux Bayésiens pour modéliser les distributions de probabilité dans le temps [71]. Ils peuvent être définis comme une répétition des réseaux classiques dans lesquels nous ajoutons une relation causale temporelle. Les RBD sont utilisés dans les applications qui ont pour cibles multiples l'incertitude de modélisation dans le domaine dynamique relationnelle [65]. Ils généralisent les modèles de Markov cachés et les filtres de Kalman (Modèles KFMs) en représentant l'état caché et observé en termes de variables d'état qui peuvent avoir des interdépendances complexes [42]. En particulier, l'approche par [4, 79] a introduit les classificateurs Bayésiens naïfs dynamiques (RBND) dont la base est une structure de NBC. Celui-ci combine les avantages d'une structure simple et NBC algorithmes avec ceux d'un MMC, et la capacité de modéliser des processus complexes dynamiques. Un RBND décompose le nœud d'observation dans un ensemble d'attributs indépendants [68]. Une méthode est développée pour apprendre automatiquement un RBND de données. Il s'agit de déterminer : le nombre d'états cachés, les attributs pertinents, la meilleure discrétisation et la structure du modèle. [79] propose un système de codage spécial pour les attributs du groupe des dépendances et de retirer celles qui sont pertinentes pour le modèle RBND. Les ressemblances et différences des RBND et MMC sont mises en évidence dans [5]. Le RBND résout de nombreux problèmes pour la reconnaissance vocale, le traitement d'images, etc,. [107] présentent une méthodologie pour développer les réseaux Bayésiens dynamiques afin de formaliser de tels modèles dynamiques complexes. Ils proposent la modélisation de la fiabilité d'un composant au cours du temps grâce à un réseau Bayésien et la chaîne de Markov classique en temps discret permet de calculer la fiabilité d'un composant à un instant donné. Cet approche montre que RBD constitue un outil très puissant pour l'aide à la décision dans la maintenance.

### 3.6.1 Représentation de Réseaux Bayésiens Dynamiques

Les réseaux Bayésiens dynamiques (RBD)(Dynamic Bayesian Network) sont une extension temporelle des réseaux Bayésiens, ils représentent des connaissances incertaines sur des systèmes complexes. Ils sont basés sur une association entre la théorie des probabilités et la théorie des graphes afin de fournir des outils efficaces pour représenter une distribution de probabilités jointes sur un ensemble de variables aléatoires.

**Définition 6.** *Un réseau Bayésien dynamique (RBD) est caractérisé par la paire* $(B_1, B_\rightarrow)$ *[71], tel que :*
- $B_1$ *est le réseau Bayésien définissant la distribution de probabilités initiale* $P(S_1)$.
- $B_\rightarrow$ *est le réseau Bayésien associé à deux pas de temps (2-TBN : Two Time-slice temporal Bayesian Network) et définit la distribution de probabilités* $P(S_t|S_{t-1})$ *représentée par un graphe orienté acyclique (Figure 3.7).* $P(S_t|S_{t-1})$ *s'écrit sous la forme :*

$$P(S_t|S_{t-1}) = \prod_{i=1}^{N} P(S_t^i | Pa(S_t^i)) \qquad (3.41)$$

- $S_t^i$ est la $i^{eme}$ composante aléatoire de $S_t$ à l'instant $t$. Il peut s'agir d'un nœud caché, d'une observation ou d'un nœud de contrôle. Les relations entre les variables dans un intervalle donné sont représentées par des arcs *intra-slice* $S_t \rightarrow X_t$ (Figure 3.7).
- Pa $(S_t^i)$ représente les composantes aléatoires dont dépend $S_t^i$. Ils peuvent se situer soit à *t* ou *t-1*. Les relations entre les variables à pas de temps successifs sont représentées par $S_{t-1} \rightarrow S_t$ (Figure 3.7).
- Les nœuds de la première fenêtre temporelle d'un 2-TBN ne dispose pas des paramètres qui leur sont associés.

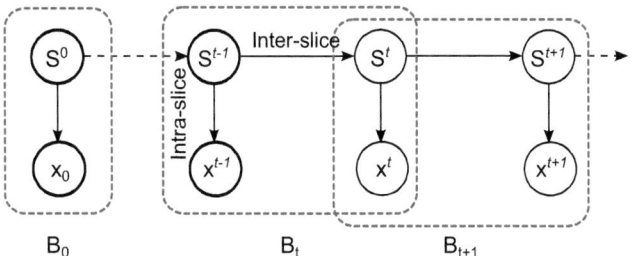

FIGURE 3.7: Graphe d'un réseau Bayésien dynamique

**Définition 7.** *Un réseau Bayésien dynamique représente la distribution de probabilité jointe de ces variables par le déroulement du réseau Bayésien* $B_\rightarrow$ *sur T séquences temporelles [71]. Il s'écrit :*

$$P(S_0,\ldots,_T) = \prod_{t=1}^{T} \prod_{i=1}^{N} P(S_t^i | pa(S_t^i)) \qquad (3.42)$$

Pour davantage de détails sur l'approche mathématique, les algorithmes d'inférences et l'apprentissage, nous invitons le lecteur à respectivement se reporter à [42, 43, 6].

Un réseau Bayésien dynamique peut être ainsi décrit comme un MMC qui est représenté sous forme graphique comme illustré dans la figure 3.7 dans laquelle un nœud représente l'état du système $S_t$ et un autre pour l'observation $X_t$.

La différence entre un RBD et un MMC réside dans le fait que le RBD représente l'état caché $S_t$ en terme d'ensemble de variables aléatoires, $X_t = \{x_1^t, x_2^t, \ldots x_l^t\}$ alors que dans un MMC, l'espace d'état $S_t$ se compose d'une seule variable aléatoire $X_t = x_i$ [71].

Dans notre étude, nous considérons que les systèmes présentent les caractéristiques spécifiques suivantes :
– le système dépend du temps (discret),
– à un certain moment, le système comporte des événement aléatoires (les paramètres du système),
– l'état réel du système ne dépend que des variables observées et de son état précédent.

Ces caractéristiques correspondent à celles d'un RBND tel que proposé par [4, 68, 79, 5]. Détaillons désormais le RBND.

### 3.6.2 Réseaux Bayésien Naïf Dynamiques

Un Réseau Bayésien Naïf Dynamiques (RBND) peut être considéré comme une extension d'un MMC ou un cas particulier de RBD. C'est familier comme un MMC dans lequel le nœud d'observation est décomposé en un certain nombre d'attributs qui sont considérés comme indépendants. Du point de vue RBD, à chaque fois qu'il y a un classifieur Bayésien naïf (structure de base), les variables d'état sont reliées entre elle d'une date à une autre (structure de transition). Un exemple de RBND est donné dans la figure 3.8 [4, 68, 79, 5] :

Considérons un modèle avec les paramètres $X = \{X_1, X_2, \ldots, X_t, \ldots, X_T\}$, où chaque $X_t = \{X_t^1, X_t^2, \ldots, X_t^j, \ldots X_t^n\}$ est un ensemble de $n$ attributs observables qui sont générés par un processus dynamique, et où l'ensemble des instances de la variable d'état cachée (ou états) $S = \{S_1, S_2, \ldots, S_t, \ldots, S_T\}$ est généré par le même procédé, à chaque instant $t$.

Un modèle RBND est défini par la fonction de distribution de probabilité :

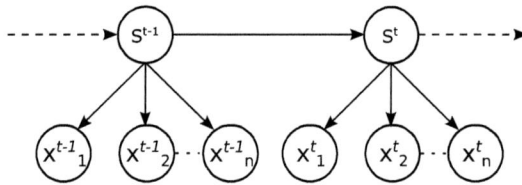

FIGURE 3.8: Réseaux Bayésien Naïf Dynamiques avec $n$ attributs

$$P(S_t, X_t) = P(S_1) \prod_{t=1}^{T} \prod_{j=1}^{n} P(X_t^j | S_t) \prod_{t=2}^{T} P(S_t | S_{t-1}) \quad (3.43)$$

Où :

$P(S_1)$ est la distribution de probabilité initiale pour la variable de classe $S_1$

$P(X_t^j | S_t)$ est la distribution de probabilité d'un attribut compte tenu de la variable d'état cachée dans le temps.

$P(S_t | S_{t-1})$ est la distribution de probabilité entre les états dans le temps.

L'élément $\prod_{j=1}^{n} P(X_j^t | S_t)$ dans l'équation (3.43) représente l'hypothèse d'indépendance conditionnelle des attributs compte tenu de la variable d'état cachée $S_t$ dans le temps $t$ (cf. hypothèse naïveté pré-

sentée, dans la section 3.3.4). Ce modèle est représenté sur la base se deux suppositions :
- les états futurs du système ne dépendent de leurs états passés que par l'intermédiaire de l'état présent (cf. propriété de Markov, equation 3.31, page 47).
- les probabilités de transition entre les états ne sont pas dépendants du temps (cf. probabilité de transition, équation 3.34).

### 3.6.3 Positionnement

Les Réseaux Bayésiens Dynamiques sont une extension des modèles naïf et TAN au travers de la prise en compte du temps. Ils sont souvent utilisés pour estimer les états futurs et les paramètres ou une probabilité, (c'est-à-dire que l'on va chercher la probabilité : $P(S_t, X_t)$). Cependant, ce n'est pas le sujet traité dans cette thèse. Notre objectif est d'estimer la probabilité d'états lorsque les paramètres sont observés à l'heure l'actuelle, et à l'état précédent ce qui correspond à $P(S_t|X_t, S_{t-1})$. Par ailleurs, en termes d'approches, ainsi que des formes géométriques, le modèle RBDN est similaire à MMC. Néanmoins, les variables d'état du compte-rendu d'information dans le système considéré sont observées, alors que les variables d'état du modèle MMC sont cachées. Nous avons donc proposé d'utiliser un nouveau modèle (RBDCM) sur la base d'un RBD et d'une chaîne de Markov pour estimer la confiance du compte-rendu. Il est utilisé pour calculer la probabilité de l'état à l'instant $t$ avec la connaissance de la probabilité de l'état à l'instant $t-1$, et les paramètres courants, basés sur la structure représentée à la figure 3.9.

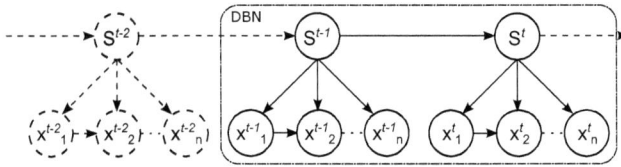

FIGURE 3.9: Réseau Bayésien dynamique combiné avec une chaîne de Markov (RBDCM))

Cette approche est utilisée comme modèle de référence pour construire un nouveau modèle. L'implémentation de ce modèle pour l'estimation de confiance du compte-rendu sera présentée en détail dans le chapitre suivant.

## 3.7 Conclusion

Au sein de ce chapitre, nous avons mené une étude bibliographique centrée sur les besoins de notre approche, à savoir les approches probabilistes et en particulier les approches Bayésiennes. Au fur et à mesure de leur présentation, nous avons pris soin de positionner ces différentes approches en faveur ou en défaveur de nos besoins. Cela s'est traduit par la mise en exergue de deux approches intéressantes, à savoir les réseaux Bayésiens dynamiques et les chaînes de Markov. Cependant, la combinaison de ces deux approches ne satisfaisant pas totalement nos besoins, nous avons proposé une extension de cette combinaison permettant ainsi de considérer une estimation d'une variable à un instant t sachant son état à l'instant $t-1$ et un ensemble d'autres paramètres considérés eux aussi à l'instant $t$.

Sur cette base, le chapitre suivant se propose de corréler ce nouveau modèle avec le calcul de l'indice de confiance qui peut être accordé à un compte rendu d'exécution.

# Deuxième partie
# Modèle de la Confiance du compte-rendu

# Chapitre 4
# Confiance du compte-rendu

## 4.1 Introduction

La problématique et un état de l'art étant désormais présentés, nous nous proposons dans ce chapitre de dévoiler notre approche d'estimation de l'indice de confiance qui peut être accordé en temps réel à chaque occurrence de compte rendus d'exécution émis par un équipement de fabrication. Cependant, avant d'aller plus loin dans cette présentation, nous proposons au lecteur d'analyser dans les premières sections de ce chapitre les paramètres pris en compte dans le calcul de ce que nous appellerons désormais par souci de simplification le **CLFI** : *Confidence Level of Feedback Information*.

## 4.2 Définition

Préalablement à l'étude des éléments qui ont un impact sur la confiance qui peut être accordée ou non à un compte-rendu, permettez-nous de proposer une définition de ce concept de confiance.

**Définition 8.** *La confiance qui peut être accordée à un compte rendu d'exécution d'un équipement de production (CLFI) correspond à la capacité de l'équipement à avoir correctement réalisé le service demandé. Il sera caractérisé par une valeur comprise entre 0 et 1 témoignant donc d'un pourcentage de confiance qui pourra être utilisé à différentes fins comme le diagnostic, le pronostic ou encore l'aide à la décision à des fins d'optimisations des plans de maintenances préventives et ou correctives.*

La définition étant désormais posée, nous nous proposons dans ce qui suit de mener une analyse des paramètres ayant un impact potentiel sur ce concept de confiance du compte-rendu.

## 4.3 Analyse des paramètres ayant un impact sur CLFI

Préalablement à cette étude rappelons les constats qui nous ont amenés à proposer le concept de calcul de le confiance d'un compte-rendu : les niveaux d'observabilité liés au placement des capteurs au sein de la chaîne d'action font apparaitre des boucles ouvertes impliquant naturellement des doutes quant à la bonne réalisation du ou des services demandés.

C'est ce que nous avons illustré dans la figure 4.1 dans laquelle apparaît le fait que malgré trois étapes de fabrication a priori achevées avec succès *(CR=OK)*, le produit contrôlé par l'équipement de métrologie se révélé être non conforme aux attentes *(CR=Not Pass)*.

Afin d'aider l'expert dans sa phase de localisation des défauts produits nous suggérons l'idée de lui donner accès à un ensemble de *sources* caractérisant en temps réel le niveau de confiance accordé à chaque compte-rendu d'exécution. Bien entendu, si ce *score* ou *niveau de confiance* du compte-rendu était uniquement calculé sur la base du niveau d'observabilité liée à la chaîne d'information, la proposition pouvait être remise en cause. Aussi, nous nous proposons d'intégrer d'autres paramètres à ce calcul, paramètres que nous dévoilons ci-après.

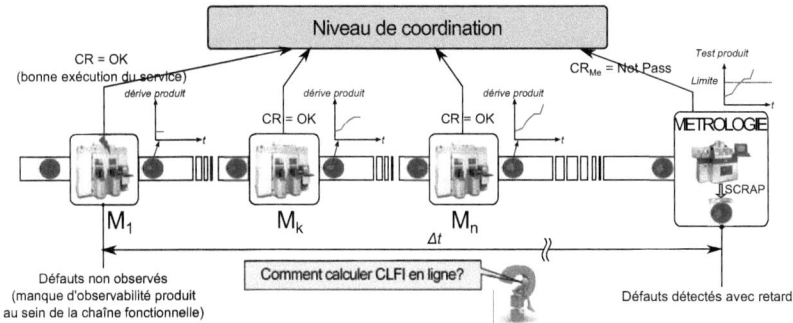

FIGURE 4.1: La problématique du CLFI

Afin de conforter la prise en compte de paramètres requis pour le calcul du CLFI, nous avons profité d'un partenariat industriel développé dans le cadre du projet européen IMPROVE[1]. Ce partenariat nous a permis d'avoir accès à un certain nombre de bases de données et d'expertises au sein du secteur du semi-conducteur, en particulier avec l'entreprise STMicroelectronics Crolles.

Ces données issues des bases de données telles que les FDC (détection et classification des défauts), les SPC (contrôles statistiques des procédés), ou encore les AMDEC (*Analyse des modes de défaillance, de leurs effets et de leur criticité*) nous ont permis de mener des analyses statiques.

Sur le plan métrologie, il s'est agi de corréler différentes bases avec les données historiques issues des équipements de métrologie [13]. Ainsi une base de données unique a été mise au point témoignant de la vie d'un équipement (Cf. Table 4.1). Pour des raisons de confidentialité, les données reprises dans ce mémoire sont simulées.

| EQ | Event | Start Time | End Date | Maint state name | Maint previous state | ... |
|---|---|---|---|---|---|---|
| EQ01 | FAILURE | 9 :18 :12 | 10 :15 :03 | REPAIR | FAIL | ... |
| EQ01 | MAINT | 10 :58 :16 | 11 :21 :38 | PM | IDLE | ... |
| EQ01 | PROD | 18 :27 :19 | 19 :22 :46 | NONE | NONE | ... |
| ... | ... | ... | ... | ... | ... | ... |

TABLE 4.1: Données de vie d'un équipement (FDC)

L'analyse Pareto s'appuie cependant sur les données réelles qui ont révélé des relations de causes à effets majeures sur les paramètres suivants :
- Fiabilité du système de captage (R).
- Contexte de production (C).
- Position des capteurs (P).
- Type de produit (TP).
- Résultat métrologie (Me).
- Maintenance préventive (PM).
- Maintenance corrective (CM).

Analysons les brièvement :

---

1. Le projet Européen IMPROVE *(Implementing Manufacturing science solutions to increase equiPement pROductiVity and fab pErformance)*

1. Pour deux types de produits subissant un traitement de production similaire, les taux de rejets au niveau métrologie peuvent être différents.
2. De l'étude des maintenances préventives sur les chaînes d'acquisition embarquées nous avons mis naturellement en exergue la problématique bien connue soulignée par Weibull [30] . La fiabilité de la chaîne d'information est donc à prendre en compte.
3. Le contexte de production caractérisé par des périodes de fortes production (stress), production normale ou fort taux de changement de recettes augmente de manière significative le nombre de rejets en métrologie, témoignant ici du manque de robustesse des équipements à supporter des changement de paramétrages fréquents. Le passage d'un produit A puis B sur une machine ne présente pas les mêmes taux de rejets que B puis A.
4. La fait que des maintenances préventives ou correctives ont été effectuées sur les équipements de production a un impact direct sur la qualité des produits fabriqués et contrôlés. Leur fréquence est aussi à prendre en compte.

Sept paramètres ont donc été mis en exergue pour ce type de process. Pour d'autres, la méthode d'analyse reprise de [13] peut être naturellement appliquée en fonction des bases de données disponibles.

Nous nous proposons maintenant de détailler chacun de ces paramètres.

## 4.4 Spécificité des paramètres ayant un impact sur le CLFI

### 4.4.1 Fiabilité du système de capteurs (R)

La fiabilité de chaque capteur est définie comme une probabilité $r(t)$ qu'il soit sans faute pendant une période de temps $t$. De manière triviale, plus $r(t)$ est important, plus la CLFI sera importante, il sera calculé sous la forme suivante :

$$r(t) = 1 - \int_0^t f(t)dt \qquad (4.1)$$

avec f(t) : la fonction de distribution des défauts.

Pour $m$ capteurs appartenant à la chaîne d'acquisition considérée la fiabilité de cette dernière sera définie par :

$$R = f\left(r_i\left(t\right), r_2\left(t\right), \ldots, r_m\left(t\right)\right) \tag{4.2}$$

Si nous considérons l'exemple donné figure 4.2, l'équation 4.3 en considérant les différentes classes (système en série, système en parallèle ou système en mixte) développées dans [30] donne :

$$R(t) = 1 - (1 - e^{-\lambda_1 t})(1 - e^{-\lambda_2 t})^2(1 - e^{-\lambda_4 t})^2 \tag{4.3}$$

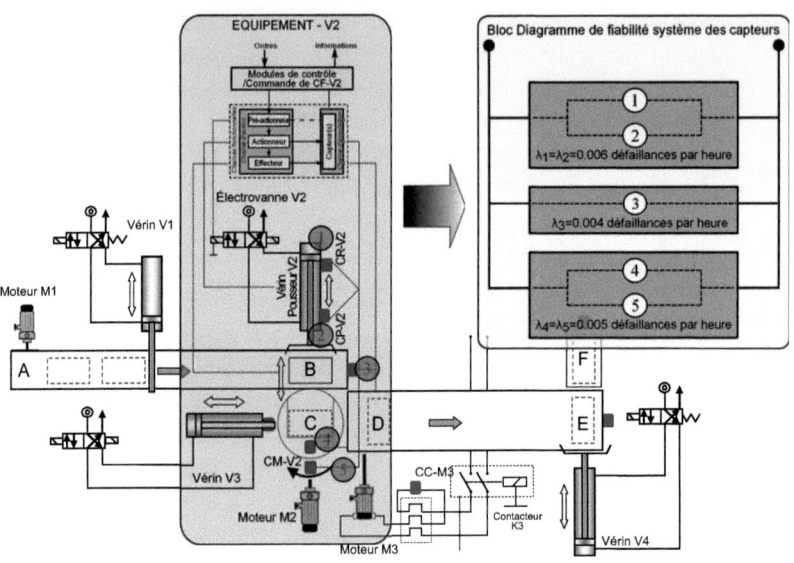

FIGURE 4.2: La structure de système de mesure

Le problème qu'il faut désormais résoudre, c'est de corréler la fiabilité du système d'acquisition d'une chaîne fonctionnelle d'un équipement de production avec le CLFI.

Le lien n'étant pas direct, nous avons proposé ici de corréler le CLFI au travers des comptes-rendus d'exécution émis par l'équipement de production considéré.

Pour ce faire, nous nous sommes appuyés sur les données historiques issues de l'atelier et avons recherché à rapprocher $R(t)$ et les occurrences des compte-rendus *OK* ou *Not OK*.

Nous avons donc proposé ici de nous appuyer sur l'algorithme EM [33] pour déterminer la loi de distribution de probabilité de $R(t)$ via la détermination des paramètres de Gaussian Mixture comme $\tau_i, \mu_i, \sigma_i$ :

$$f(x) = \sum_{i=1}^{k} \tau_i \frac{1}{\sigma_i \sqrt{2\pi}} e^{-\frac{(x-\mu_i)^2}{2\sigma_i^2}} \qquad (4.4)$$

Où :
- $\tau_i$ : Cœfficients proportionnelles (ou poids) ; ($\sum\limits_{i}^{k} \tau_i = 1$).
- $\mu_i$ : Moyenne
- $\sigma_i$ : Variance

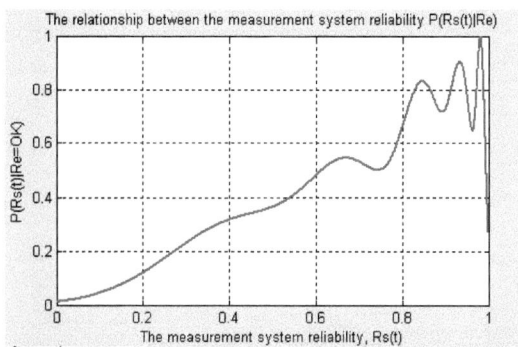

FIGURE 4.3: La probabilité de $P(Rs|Re)$

Nous avons mis en œuvre cette loi de distribution sous Matlab (cf. Algorithme 2, page 91) pour lequel nous avons choisi le nombre de Gaussian égal à 5 pour assurer un compromis entre le temps de calcul et la précision des résultats. Ces derniers sont représentés dans la figure 4.3 où l'abscisse représente la fiabilité du système et l'ordonnée représente la probabilité de $P(Rs|Re)$.

### 4.4.2 Position des capteurs (P) dans la chaine d'acquisition

Comme nous l'avons déjà présenté précédemment le nombre et la position des capteurs au sein des chaînes fonctionnelles permet d'améliorer la perception de ce qui est réellement produit par un équipement.

Afin d'intégrer ce paramètre important dans le calcul du CLFI, nous avons proposé de répertorier l'ensemble des cas de figures qui peuvent être rencontrés au sein du tableaux 4.2. Un exemple est pris (cf. figure 4.4) afin de faciliter l'interprétation du tableaux au lecteur.

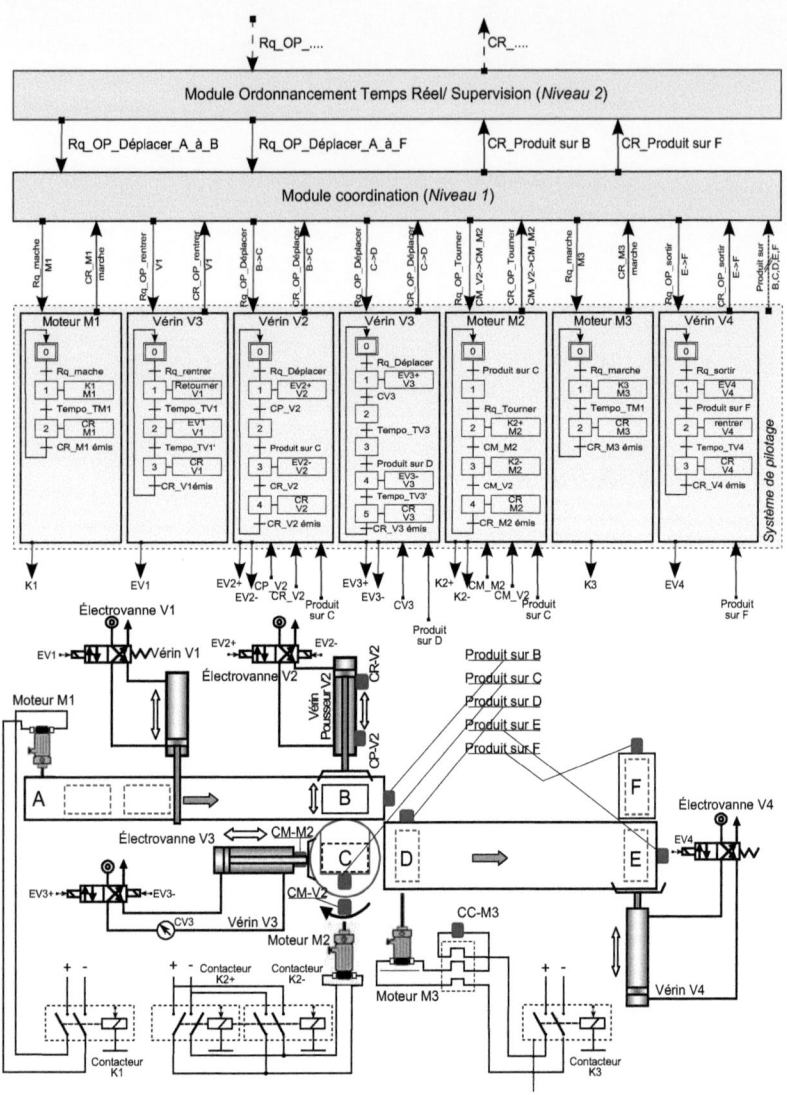

FIGURE 4.4: Exemple de système de pilotage illustrant la position des capteurs

### 4.4.3 Contexte de production (C)

Sans grande surprise, l'analyse des historiques a montré que le stress (caractérisé ici par une augmentation du flux de production, ou

| Placement du capteur | Exemple (cf. 4.4) | Symbole |
|---|---|---|
| Boucle ouverte | Absence de capteurs | OL |
| Pré-actionneur | Capteurs chargés de surveiller l'ouverture/fermeture des distributeurs de pression d'air (CV3 de électrovanne V3 - vérin V3) | PA |
| Actionneur | Surveillance des évolutions des actionneurs (CP-V2, CR-V2 surveille la position du piston V2) | AC |
| Effecteur | Capteurs de fin de course (CM-M2, CM-V2 de Moteur M2) | EF |
| Pré-actionneur + Actionneur | Surveillance du distributeur de pression d'air et de la position du piston | PA.AC |

TABLE 4.2: Placement des capteurs sur les chaînes d'action et sur flux de produits

| Placement du capteur | Exemple (cf. 4.4) | Symbole |
|---|---|---|
| Effecteur + Pré-Actionneur | CV3 | EF.PA |
| Effecteur + Actionneur | CP-V2, CR-V2 et Produit sur C | EF.AC |
| Effecteur + Actionneur + Pré-Actionneur | Les capteurs surveillent l'ensemble de la chaîne d'action | EF.AC.PA |
| Métrologie de équipement | Les capteurs sont installés pour observer directement l'effet sur le produit (Cas du capteur Produit sur F) | Métrologie-EQ |
| Métrologie + Pré-Actionneur | | Me.PA |

TABLE 4.3: Placement des capteurs sur les chaînes d'action et sur flux de produits

| Placement du capteur | Exemple (cf. 4.4) | Symbole |
|---|---|---|
| Métrologie + Actionneur | | Me.AC |
| Métrologie + Effecteur | | Me.EF |
| Métrologie + Actionneur + Pré-Actionneur | | Me.PA.AC |
| Métrologie + Effecteur + Pré-Actionneur | | Me.EF.PA |
| Métrologie + Effecteur + Actionneur | | Me.EF.AC |

TABLE 4.4: Placement des capteurs sur les chaînes d'action et sur flux de produits

| Placement du capteur | Exemple (cf. 4.4) | Symbole |
|---|---|---|
| Métrologie + Effecteur + Actionneur + Pré-Actionneur | Cas le plus favorable où la commande est sur-surveillée | Me.EF AC.PA |

TABLE 4.5: Placement des capteurs sur les chaînes d'action et sur flux de produits

encore de la diversité des produits) dégrade de manière significative le CLFI.

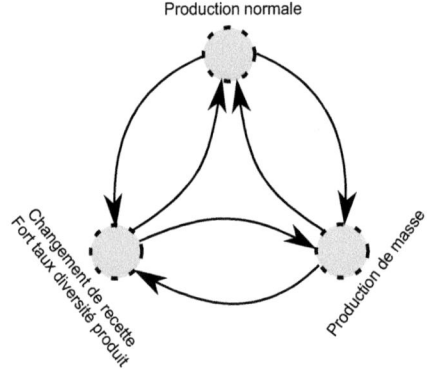

FIGURE 4.5: Trois états du contexte de production

Aussi, avons-nous proposé de prendre en compte le contexte de production au travers de trois de ses états que sont (cf. Figure 4.5) :
N : La production normale (Normal production).
MP : La production de masse (Mass production) caractérise une production stressée par un flux de produit très important. Les équipements travaillent à charge maximale.
CR : Le changement de recettes de production (Change recipes) caractérise une production stressée par la diversité des produits à traiter et donc des changements de recettes fréquents augmentant les dérives non maitrisée des équipements de production.
Notons cependant que d'autre contextes de production existent (cf. GEMMA [69]) mais que l'analyse statistique menée sur le cas d'étude

ne les a pas révélées comme étant d'autres points singuliers.

### 4.4.4 Type de produit (TP) et résultat de contrôle de la machine de métrologie pour chaque type de produit (Me)

L'analyse statistique a bien révélé un lien significatif entre les tests de métrologie et le type de produits contrôlés. Certains d'entres eux passent régulièrement les tests sans révéler de dévires importantes, ce qui n'est pas le cas de tous.

C'est ce que nous pouvons voir dans les tableaux 4.6 et 4.7 au sein desquels nous avons représenté un extrait de l'historique d'un équipement de fabrication et celui d'un équipement de métrologie associé.

A noter que la métrologie produit est menée de manière aléatoire sur certains lots (appelés moniteurs). Si nous considérons le cas particulier observé à 01 :42 :00, 08-jan-2005 (Tableau 4.6) au niveau de l'équipement de production, le lot 25 de type B est un considéré comme étant conforme vis-à-vis de la commande. Or, si nous regardons la tableau 4.7, il s'avère que ce lot a été rejeté par l'équipement de métrologie. Il y a donc incohérence entre ce qui est caractérisé par l'équipement de production et celui de métrologie liée à ce type de produit. Si ceci se produit statistiquement souvent sur ce même type de produit, apparait alors une tendance qu'il est utile de prendre en compte lors du calcul de la confiance qui sera plus tard accordée au compte-rendu d'exécution de cet équipement traitant de ce produit de type B.

### 4.4.5 Maintenance préventive (PM) et corrective (CM)

De la même manière, nous avons pu montrer l'impact des maintenances sur la réduction du nombre de produits rejetés en métrologie. Elles augmentent donc la qualité de production, sous réserve bien entendu qu'elles soient correctement réalisées et que l'équipement ou partie d'équipement maintenu soit le bon (celui localisé par le processus de diagnostic). A noter que si tel n'est pas le cas, une maintenance peut aggraver un problème existant, en créer un qui n'existait pas ou encore ne rien améliorer du tout.

Nous nous placerons ici sous l'hypothèse comme quoi une maintenance améliore systématiquement la qualité de production. Ceci nous amènera donc à inférer le fait que si un équipement a été maintenu,

| Date and time | Lot ID | Type of product | Reported information |
|---|---|---|---|
| 21 :57 06-Jan-2005 | Lot12 | TypeA | Not OK |
| 22 :04 06-Jan-2005 | Lot30 | TypeC | Ok |
| 01 :32 07-Jan-2005 | Lot13 | TypeA | Not OK |
| 02 :44 07-Jan-2005 | Lot21 | TypeB | Not OK |
| 02 :49 07-Jan-2005 | Lot31 | TypeC | Not OK |
| 03 :27 07-Jan-2005 | Lot32 | TypeC | Ok |
| 08 :09 07-Jan-2005 | Lot22 | TypeB | Ok |
| 15 :09 07-Jan-2005 | Lot14 | TypeA | Not OK |
| 16 :00 07-Jan-2005 | Lot33 | TypeC | Ok |
| 16 :12 07-Jan-2005 | Lot15 | TypeA | Not OK |
| 17 :50 07-Jan-2005 | Lot23 | TypeB | Ok |
| 18 :05 07-Jan-2005 | Lot24 | TypeB | Not OK |
| 01 :42 08-Jan-2005 | Lot25 | TypeB | OK |
| 02 :56 08-Jan-2005 | Lot34 | TypeC | Not OK |

TABLE 4.6: Base de données de la production

| Date | Lot ID | Type of product | Metrology |
|---|---|---|---|
| 08-Jan-2005 | Lot15 | TypeA | Pass |
| 17-Jan-2005 | Lot25 | TypeB | NotPass |
| 24-Jan-2005 | Lot34 | TypeC | Pass |

TABLE 4.7: Base de données de la métrologie

la confiance quant à son activité production sera plus grande. Par conséquent, nous nous proposons de représenter les activités de maintenances comme suit :

$$PM = \{0, 1, 2, \ldots, m\}$$
$$CM = \{0, 1, 2, \ldots, k\}$$

Avec $m, k$ représentant respectivement le nombre de maintenances préventives et correctives.

## 4.5 Caractérisation du CLFI

Comme nous venons de le voir, de nombreux paramètres ont un impact sur le calcul du CLFI. Ils présentent une certaine hétérogénéité rendant leur prise en compte conjointe complexe : données incertaines, complexes, incomplètes (par exemple : manque des informations sur les systèmes de mesure, types de données diverses (integer, real, string, time-date, etc), équipements divers dans le système de production, etc).

Parmi les différentes méthodes qui permettent de modéliser les liens de cause à effets pouvant lier ces différents paramètres avec le CLFI, nous citerons Expectation Maximization (EM) [27], Markov chain Monte Carlo (MCMC) [45], Neural Network [73]. Notre choix s'est porté sur les réseaux Bayésiens [13]. Ces dernier, comme nous avons pu le présenter dans les chapitres précédents combinent une représentation des connaissances sous forme graphique et une prise en compte de l'incertitude au travers de probabilités [84]. Il sont parfaitement adaptés à notre contexte où apprentissage et inférence permettent de corréler des données incertaines voire incomplètes avec l'assistance d'un expert.

Fort de ces 7 paramètres (cf. page 61), le chapitre suivant va s'attacher à présenter la modélisation bayésienne que nous proposons.

## 4.6 Conclusion

Ce chapitre nous a permis de présenter les résultats des analyses statistiques que nous avons menées en collaboration avec le partenaire industriel ST-MicroElectronics Crolles (38). Ces analyses centrées sur les liens de causalités entre les données de production des équipements et les données issues des équipements de métrologie nous ont permis de mettre en évidence un ensemble de paramètres qui ont un impact plus ou moins direct sur le CLFI. Après avoir passé en revue l'ensemble de ces paramètres, nous nous proposons désormais dans le chapitre suivant de construire le modèle correspondant.

# Chapitre 5
# Contribution à la modélisation de la confiance

## 5.1 Introduction

Après avoir caractérisé les différents paramètres pouvant avoir un impact sur le CLFI sur la base de données issues d'un partenariat industriel (semi-conducteur, STMicroelectronics Crolles), nous nous proposons dans ce chapitre de développer les différents modèles que nous proposons pour le calcul du CLFI. Il s'agit pour nous ici de mettre à la disposition de l'expert différentes modélisations permettant de répondre à différentes classes de problèmes et contribuant toutes au même objectif : estimer la confiance qui peut être donnée à un compte rendu d'exécution.

Pour ce faire, nous avons proposé trois modèles répondant chacun à un problème spécifique et dont l'apprentissage varie du plus simple au plus complexe.

Ainsi, le premier modèle s'attache à traiter un cas statique avec l'hypothèse d'indépendance conditionnelle entre les variables du problème. Le modèle retenu sera le modèle Bayésien naïf (cf. section 2). Ensuite, un modèle de type TAN (cf. section 3) sera soumis afin de s'affranchir de l'hypothèse d'indépendances conditionnelles entre les variables du problème. Enfin, nous présenterons dans la section 4 le modèle le plus abouti intégrant la prise en compte de relations temporelles du problème. Ce modèle est un réseau Bayésien dynamique à chaine de Markov.

## 5.2 Modèle bayésien Naïf

Cette section va donc s'attacher à présenter le cas d'une modélisation bayésien naïve statique où l'hypothèse d'indépendance conditionnelle entre les variables a été retenue. Ce modèle a fait l'objet d'une publication à INCOM12 [36].

Sous les hypothèses de naïveté retenues, le réseaux bayésien naïf correspondant à la modélisation de la confiance d'un compte-rendu noté *Re* revient à construire un arbre dans lequel *Re* est un nœud parent et les paramètres *R, C, P, TP, Me, PM, CM* les enfants (cf. figure 5.1). Le CLFI peut alors s'écrire :

$$CLFI = P(Re|R, P, C, TP, Me, CM, PM)$$

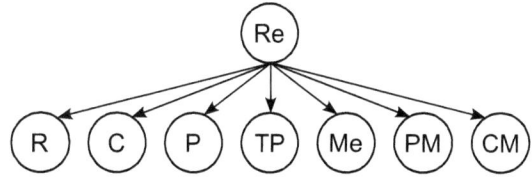

FIGURE 5.1: Modèle basé sur le modèle bayésien Naïf

### 5.2.1 Méthode de calcul

Si nous reprenons l'équation 3.14 page 39, les nœuds $x_1 \to x_7$ représentent respectivement les paramètres $R, C, P, TP, Me, PM, CM$. Le calcul du *CLFI(Re)* peut alors s'écrire :

$$CLFI = \frac{P(Re)P(R|Re)P(P|Re)P(C|Re)P(TP|Re)}{P(R, P, C, TP} \\ \frac{P(Me|Re)P(CM|Re)P(PM|Re)}{, Me, CM, PM)} \quad (5.1)$$

$$CLFI = \frac{P(Re)P(R|Re)P(P|Re)P(C|Re)P(TP|Re)}{\Sigma_{Re_i=1}^{n} P(R, P, C, TP} \\ \frac{P(Me|Re)P(CM|Re)P(PM|Re)}{, Me, CM, PM, Re_i)} \quad (5.2)$$

Dans notre cas d'étude, nous avons considéré que 2 valeurs possibles d'un compte-rendu d'exécution $Re_i = \{OK, NotOK\}$. Ainsi, l'équation 5.2 devient trivialement :

$$CLFI = \frac{P(Re)P(R|Re)P(P|Re)P(C|Re)P(TP|Re)}{P(R,P,C,TP,Me,CM,PM,Re=OK)} \\ \frac{P(Me|Re)P(CM|Re)P(PM|Re)}{+P(R,P,C,TP,Me,CM,PM,Re=NotOK)} \quad (5.3)$$

Afin de réaliser ce calcul chacun des termes de cette équation 5.3 doit être évalué :
- $P(C)$ est calculé à partir de l'ensemble de données d'apprentissage en comptant le nombre d'apparitions d'éléments $Re = Re_i$, par exemple : $Re_i = OK$ ou $Re_i = NotOK$ ; ( $Re_i = \{OK, NotOK\}$ )
- Les probabilités $P(Re)$ ; $P(R|Re)$ ; $P(P|Re)$ ; $P(C|Re)$ ; $P(TP|Re)$ ; $P(Me|Re)$ ; $P(CM|Re)$ ; $P(PM|Re)$ peuvent être estimées en comptant le nombre d'apparitions de chaque valeur $R = r_j\%, C = C_j, ...$ dans les données d'apprentissage.
- Bien entendu, ce modèle n'est à retenir que si les données sont toutes observées et complètes. Si elles sont non complètes nous avons privilégié l'algorithme EM pour calculer l'estimation de vraisemblance (MLE) bien adapté ici [74].

### 5.2.2 Exemple d'application

Afin de mieux appréhender ce modèle, un exemple d'application est ici proposé. Il se base sur un SAP représenté dans la Figure 5.2. Dans cet exemple, nous nous concentrons sur les activités de l'équipement M1 avec les données historiques présentées dans le tableau (Table 5.1) de la page suivante.

Supposons ici une opération exécutée par l'équipement de production noté M1. Supposons également qu'après exécution de cette opération demandée par le système de pilotage père, M1 produise un compte-rendu caractérisant la bonne exécution du service demandé *(Re = OK)*. M1 considère donc que le produit transformé l'a été fait avec succès.

Désormais, nous nous proposons de calculer le *CLFI(Re)* considérant les variables observées suivantes :

$R = 80\%, P = EF.AC.PA, C = N, TP = TypeA, Me = Pass, PM = 1, CM = 1$

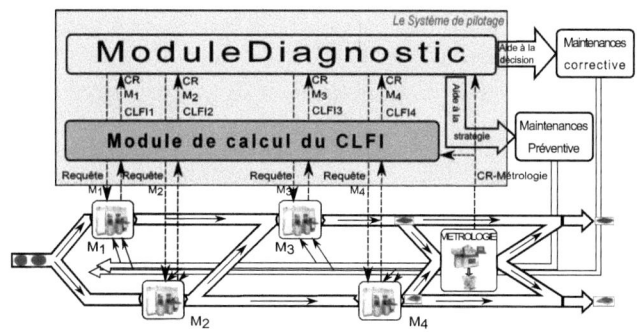

FIGURE 5.2: Exemple d'un SAP pour le calcul naïf du CLFI

| R (%) | P | C | TP | Me | PM (Times) | CM (Times) | Re |
|---|---|---|---|---|---|---|---|
| 70% | EF.AC.PA | N | TypeA | Pass | 1 | 2 | OK |
| 80% | EF.AC.PA | MP | TypeA | NotPass | 1 | 1 | OK |
| 90% | EF.PA | N | TypeB | Pass | 2 | 3 | OK |
| 0% | OL | CR | TypeA | NotPass | 3 | 1 | NotOK |
| 90% | AC | N | TypeA | Pass | 2 | 4 | OK |
| 70% | EF | N | TypeC | Pass | 2 | 2 | OK |
| 80% | EF.AC | MP | TypeA | Pass | 4 | 1 | OK |
| 90% | EE.AC.PA | CR | TypeA | NotPass | 1 | 2 | NotOK |
| 90% | PA | CR | TypeB | Pass | 2 | 3 | NotOK |
| 80% | AC | MP | TypeB | NotPass | 2 | 4 | NotOK |
| 90% | PA.AC | N | TypeA | Pass | 3 | 1 | OK |
| 80% | EF | N | TypeA | Pass | 2 | 2 | OK |
| 60% | EF.PA | N | TypeC | Pass | 4 | 4 | NotOK |
| 90% | PA.AC | MP | TypeC | Pass | 1 | 3 | OK |
| 80% | EE.AC.PA | MP | TypeA | NotPass | 2 | 1 | OK |
| 90% | EF | CR | TypeB | Pass | 3 | 1 | OK |
| 60% | EF | N | TypeA | Pass | 4 | 1 | OK |

TABLE 5.1: Les données historique de l'équipement M1

Cela revient donc à calculer :

$$P(Re|R = 80\%, P = EF.AC.PA, C = N, TP = TypeA,$$
$$Me = Pass, PM = 1, CM = 1) \quad (5.4)$$

Pour ce faire, deux étapes doivent être traitées :

**Apprentissage** Sur la base de la table historique 5.1 les probabilités suivantes peuvent être déduites :
En regardant $P(R = 80\%|Re = OK)$, nous avons 12 cas où $Re=OK$, dont 4 avec R=80%. Nous avons $P(Re = OK) = 12/17$ et $P(Re = NotOK) = 5/17$.

$P(R = 80\%|\text{Re} = OK) = \frac{4}{12}$

$P(R = 80\%|\text{Re} = NotOK) = \frac{1}{5}$

$P(R = EF.AC.PA|\text{Re} = OK) = \frac{3}{12}$

$P(R = EF.AC.PA|\text{Re} = NotOK) = \frac{1}{5}$

$P(C = N|\text{Re} = OK) = \frac{7}{12}$

$P(C = N|\text{Re} = NotOK) = \frac{1}{5}$

$P(TP = TypeA|\text{Re} = OK) = \frac{8}{12}$

$P(TP = TypeA|\text{Re} = NotOK) = \frac{2}{5}$

$P(Me = Pass|\text{Re} = OK) = \frac{10}{12}$

$P(Me = Pass|\text{Re} = NotOK) = \frac{2}{5}$

$P(PM = 1|\text{Re} = OK) = \frac{3}{12}$

$P(PM = 1|\text{Re} = NotOK) = \frac{1}{5}$

$P(CM = 1|\text{Re} = OK) = \frac{6}{12}$

$P(CM = 1|\text{Re} = NotOK) = \frac{1}{5}$

et où :

$$P\_OK = P(R, P, C, TP, Me, PM, CM) = 0.003376$$

$$P\_NotOK = P(R, P, C, TP, Me, PM, CM) = 0.0000512$$

**Calcul** En nous basant sur les estimations de probabilité et l'apprentissage des données, le calcul du CLFI supporté par l'équation 5.3 révèle :

$$P(Re = OK|R, P, C, TP, Me, PM, CM) =$$
$$= \frac{P\_OK.P(Re = OK)}{P\_OK.P(Re = OK) + P\_NotOK.P(Re = NotOK)}$$
$$= \frac{0.003376 \times 0.7058}{0.003376 \times 0.7058 + 0.2941 \times 0.0000512} = 0.9937 \quad (5.5)$$

Soit un CLFI de ce compte-rendu égal à 99.37% . Il sera considéré qu'il y a une très forte probabilité que M1 a bien effectué le travail pour lequel elle a signalé une bonne fin d'exécution.

## 5.3 Modèle TAN

Après avoir traité le problème naïf où nous avons considéré l'indépendance des variables, nous nous proposons ici de lever cette hypothèse, en particulier, en considérant le cas où le résultat d'une métrologie est directement dépendant du type de produit ; cas que nous avons d'ailleurs mis en exergue dans le secteur du semi-conducteur. Cette approche a fait l'objet d'une communication à MOSIM12 [37].

### 5.3.1 Modélisation

Sous cette hypothèse, le modèle bayésien augmenté (TAN) est proposé en tant que support à la modélisation. Ici, l'indépendance entre variables étant désormais levée, il nous est possible de représenter à un même niveau que le type de produit, à un instant donné $t$, impacte le comportement de l'équipement de métrologie considéré. Ceci peut être modélisé tel que proposé dans la figure 5.3.

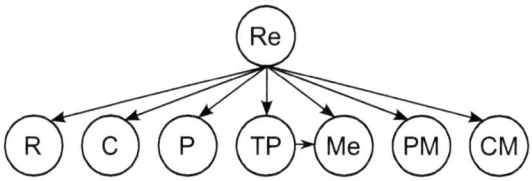

FIGURE 5.3: Modèle basé sur le modèle TAN

Mathématiquement parlant, le CLFI est formulé par :

$$CLFI = P(Re|R, P, C, TP, Me, CM, PM)$$

### 5.3.2 Calcul du CLFI

Pour cela, nous combinons les équations 3.15 et 3.16 proposées page 40 où $x_1, ..., x_7$ correspondent respectivement à $R$, $P$, $C$, $TP$, $Me$, $PM$, $CM$.

$$P(Re|R,C,P,TP,Me,PM,CM) = \frac{P(Re).P(R|Re).P(C|Re).P(P|Re).P(TP|Re).P(Me|Re,TP).P(PM|Re).P(CM|Re)}{\sum_{Re_j}^{n} P(R,C,P,TP,Me,PM,CM,Re_j)}$$

(5.6)

### 5.3.3 Calcul des composantes dans le modèle

Dans cette équation 5.6, il est nécessaire de calculer séparément les probabilités $P(Re)$, $P(R|Re)$, $P(C|Re)$, $P(P|Re)$, $P(TP|Re)$, $P(Me|Re,TP)$, $P(PM|Re)$ et $P(CM|Re)$. $P(Re)$ est calculé via les données d'apprentissage en comptant le nombre d'occurrences de $Re$, tel que *(Re = OK)* ou *(Re = NotOK)*.

Les probabilités $P(C|Re)$, $P(P|Re)$, $P(TP|Re)$, $P(PM|Re)$, $P(CM|Re)$ peuvent quant à elles être estimées par le nombre d'occurrences de chaque paramètre *C, P, TP, PM, CM* dans les données d'apprentissage.

Le modèle de calcul pour le CLFI que nous avons présenté dans cette section permet non seulement de prendre en compte les données observées telles que *C, P, TP, PM et CM* mais aussi la probabilité $P(Me|Re,TP)$. Dans l'équation 5.6, nous avons besoin de déterminer $P(Me|Re,TP)$.

En tenant en compte du théorème de Bayes, nous proposons :

$$P(Me|TP, Re) = \frac{P(Me,TP,Re)}{P(TP,Re)} = \frac{P(Me,TP,Re)}{\sum_{Me_j \in U} P(TP,Re,Me_j)};$$

$$U = \{Pass, Not\_Pass\}$$

(5.7)

Afin de mieux comprendre la dépendance entre *Me* et *TP*, l'exemple utilisé dans la section 4.4.4, page 71 du chapitre 4 est repris ici.

En atelier, les bases historiques sont associées à chaque équipement, comme nous avons pu le voir dans les Tableaux 4.6 et 4.7, page 72. Afin de rendre possible l'apprentissage, nous avons proposé ici de fusionner les tables en une seule. Cependant, le nombre de compte-rendus équipement de production étant très supérieur au nombre de contrôles en métrologie (tous les produits ne sont pas contrôlés afin d'optimiser les rendements de production) nous avons été amenés à considérer qu'un résultat de métrologie pour un type de produit donné caractérisait la validité des comptes-rendus équipements correspondant depuis la dernière métrologie.

| Date and time | Lot ID | Type of product | Report | Metrology |
|---|---|---|---|---|
| 21 :57 06-Jan-2005 | Lot12 | TypeA | Not OK | Pass |
| 22 :04 06-Jan-2005 | Lot30 | TypeC | Ok | Pass |
| 01 :32 07-Jan-2005 | Lot13 | TypeA | Not OK | Pass |
| 02 :44 07-Jan-2005 | Lot21 | TypeB | Not OK | Not Pass |
| 02 :49 07-Jan-2005 | Lot31 | TypeC | Not OK | Pass |
| 03 :27 07-Jan-2005 | Lot32 | TypeC | Ok | Pass |
| 08 :09 07-Jan-2005 | Lot22 | TypeB | Ok | Not Pass |
| 15 :09 07-Jan-2005 | Lot14 | TypeA | Not OK | Pass |
| 16 :00 07-Jan-2005 | Lot33 | TypeC | Ok | Pass |
| 16 :12 07-Jan-2005 | Lot15 | TypeA | Not OK | Pass |
| 17 :50 07-Jan-2005 | Lot23 | TypeB | Ok | Not Pass |
| 18 :05 07-Jan-2005 | Lot24 | TypeB | Not OK | Not Pass |
| 01 :42 08-Jan-2005 | Lot25 | TypeB | OK | Not Pass |
| 02 :56 08-Jan-2005 | Lot34 | TypeC | Not OK | Pass |

TABLE 5.2: Intégration entre les données

Ainsi, à partir de tableau 5.2, nous avons effectué des statistiques des ensembles tels que :

$TP = TypeA, Re = OK, Me = Pass$
$TP = TypeB, Re = OK, Me = NotPass$
$TP = TypeC, Re = OK, Me = Pass; ...$

À partir des statistiques des ensembles de $\{TP, Re, Me\}$, $P(Me, TP, Re)$ est calculé $P(Me|TP, Re)$, résultats que nous détaillons section 6.4.2 du chapitre 6, page 91.

## 5.4 Modèle RBDCM

Dans cette section, nous proposons une modélisation qui permet d'augmenter la précision du modèle TAN lorsque la variation dans le temps des paramètres considérés influence le calcul du CLFI : le passé influence le temps présent.

Ce modèle est aussi le dernier de notre série et se positionne naturellement comme le meilleur pour estimer le CLFI des comptes-rendus d'exécutions. Il a été présenté dans les deux publications [35, 34].

### 5.4.1 Modélisation

Lorsqu'il s'agit de modéliser des relations causales temporelles se pose le problème de la *profondeur* du passé à prendre en compte. Plus cette profondeur et importante, plus les temps de calcul seront long [71].

Dans le cadre de notre approche, nous avons limité cette profondeur temporelle à un pas de 1, soit la prise en compte de ce qui s'est passé à l'instant *t-1*, ce qui nous place dans le cadre d'une chaîne de Markov du premier ordre.

Considérant les aspects théoriques présentés auparavant dans la section 3.6 du chapitre 3 et du modèle TAN précédemment ont dévoilé, nous proposons ici le modèle RBDCM de la figure 5.4b.

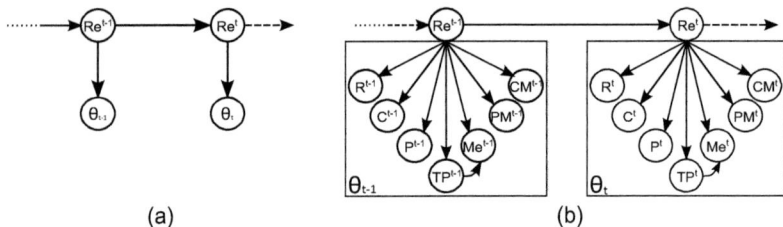

FIGURE 5.4: Modèle dynamique pour le calcul du CLFI

où :

$$\theta_{t-1} = \{R_{t-1}, C_{t-1}, P_{t-1}, TP_{t-1}, Me_{t-1}, PM_{t-1}, PC_{t-1}\}$$
$$\theta_t = \{R_t, C_t, P_t, TP_t, Me_t, PM_t, PC_t\}$$

L'objectif est désormais d'estimer la probabilité de $Re$ à l'instant présent connaissant non seulement les paramètres du modèle TAN à ce même instant mais également $Re$ à l'instant *t-1*, soit la probabilité $P(\text{Re}_t | \theta_t, \text{Re}_{t-1})$ :

## 5.4.2 Proposition du modèle mathématique

Dans le cadre de la proposition du modèle mathématique correspondant à cette problématique, nous nous sommes appuyés sur la combinaison des théories relatives aux réseaux bayésiens dynamiques et aux chaînes de Markov du premier ordre [35].

Soit la règle fondamentale de Bayes suivante :

$$P(A\,|B)P(B) = P(A \cap B) = P(B\,|A)P(A) \tag{5.8}$$

De cette règle, nous proposons une extension via la prise en compte d'une condition supplémentaire que nous noterons $C$, la règle peut alors s'écrire :

$$P(A \cap B\,|C) = P(A\,|B \cap C)P(B\,|C) \tag{5.9}$$

L'application du théorème de bayes :

$$P(A\,|B) = \frac{P(B\,|A)P(A)}{P(B)} \tag{5.10}$$

nous permet alors de formuler que :

$$P(A\,|B,C) = \frac{P(B\,|A,C)P(A\,|C)}{P(B\,|C)} \tag{5.11}$$

et dans notre cas :

$$P(\text{Re}_t\,|\text{Re}_{t-1}, \theta_t) = \frac{P(\text{Re}_t, \text{Re}_{t-1}\,|\theta_t)}{P(\text{Re}_{t-1}\,|\theta_t)} \tag{5.12}$$

Si nous appliquons à nouveau le théorème de Bayes à ce dénominateur, nous obtenons :

$$P(\text{Re}_t, \text{Re}_{t-1}\,|\theta_t) = P(\text{Re}_{t-1}\,|\text{Re}_t, \theta_t).P(\text{Re}_t\,|\theta_t) \tag{5.13}$$

Où :

$$P(\text{Re}_t\,|\theta_t, \text{Re}_{t-1}) = \frac{P(\text{Re}_{t-1}\,|\text{Re}_t, \theta_t).P(\text{Re}_t\,|\theta_t)}{P(\text{Re}_{t-1}\,|\theta_t)} \tag{5.14}$$

A partir du modèle dynamique du CLFI en se basant sur le modèle RBDCM, nous l'avons simplifié pour obtenir celui dans la la figure 5.4a. Dans cette dernière, le nœud $\text{Re}_t$ dépend de $\theta_t$ et $\text{Re}_{t-1}$, mais il ne dépend pas de $\theta_{t-1}$ (selon les propriétés de Markov). Le nœud $\text{Re}_{t-1}$ dépend de $\text{Re}_t$ et $\theta_{t-1}$, ce qui nous permet d'écrire :

avec :
$$P(\text{Re}_t\,|\theta_t,\text{Re}_{t-1}) = \frac{P(\text{Re}_{t-1}\,|\text{Re}_t).P(\text{Re}_t\,|\theta_t)}{P(\text{Re}_{t-1})} \quad (5.15)$$

$$\frac{P(\text{Re}_{t-1}\,|\text{Re}_t)}{P(\text{Re}_{t-1})} = \frac{P(\text{Re}_t\,|\text{Re}_{t-1})}{P(\text{Re}_t)}. \quad (5.16)$$

Et finalement, nous obtenons :

$$P(\text{Re}_t\,|\theta_t,\text{Re}_{t-1}) = \frac{P(\text{Re}_t\,|\text{Re}_{t-1}).P(\text{Re}_t\,|\theta_t)}{P(\text{Re}_t)} \quad (5.17)$$

### 5.4.3 Méthode de calcul des composants dans le modèle

Pour pouvoir calculer la probabilité $P(\text{Re}_t\,|\theta_t,\text{Re}_{t-1})$, il est indispensable de déterminer chaque composant de l'équation 5.17. Le lecteur pourra se reporter à [34] pour davantages de détails.
- $P(\text{Re}_t)$ : la probabilité a priori est calculée à partir des données d'apprentissage en comptant le nombre d'occurrences des événements.
- $P(\text{Re}_t\,|\theta_t)$ : fonction d'observation lorsque les données sont observées en temps réel. Il s'agit de la probabilité a posteriori estimée à partir du modèle TAN (comme présenté dans la section 5.3).
- $P(\text{Re}_t\,|\text{Re}_{t-1})$ : distribution de probabilité de transition entre les différents états du système au cours du temps, elle décrit les effets des états précédents sur l'état présent.

Pour calculer $P(\text{Re}_t\,|\text{Re}_{t-1})$, nous observons $\text{Re}_{1:T}$ (T : fréquence d'échantillonnage) et utilisons la matrice normalisée de co-occurrence (cf. l'équation 5.18) :

$$P(M\_states) = \frac{N(i,j)}{\sum_k N(i,k)} \quad (5.18)$$

avec :

$$\begin{array}{l} N(i,j) = \sum\limits_{t=2}^{T} I(\text{Re}_{t-1}=i,\text{Re}_t=j) \\ \text{Re}_{t-1}, \text{Re}_t = \{i,j\} \end{array} \quad (5.19)$$

I(Re) est une valeur binaire où 1 correspond à *(Re=OK)*, et 0 pour *(Re=Not OK)*.

## 5.4.4 Exemple de distribution de la probabilité transitoire

Pour mieux comprendre la matrice de transition, un exemple est proposé sur la base du jeu de données de la Figure 5.5 et en utilisant l'équation 5.19 :

| Date and time | Type of product | Report |
|---|---|---|
| 21:57 06-Jan-2005 | TypeA | Not OK |
| 22:04 06-Jan-2005 | TypeC | Ok |
| 01:32 07-Jan-2005 | TypeA | Not OK |
| 02:44 07-Jan-2005 | TypeB | Not OK |
| 02:49 07-Jan-2005 | TypeC | Not OK |
| 03:27 07-Jan-2005 | TypeC | Ok |
| 08:09 07-Jan-2005 | TypeB | Ok |
| 15:09 07-Jan-2005 | TypeA | Not OK |
| 16:00 07-Jan-2005 | TypeC | Ok |
| 16:12 07-Jan-2005 | TypeA | Not OK |
| 17:50 07-Jan-2005 | TypeB | Ok |
| 18:05 07-Jan-2005 | TypeB | Not OK |
| 01:42 08-Jan-2005 | TypeB | Not OK |
| 02:56 08-Jan-2005 | TypeC | Not OK |

FIGURE 5.5: Exemple d'un jeu de données de production

De cette figure, 4 cas de transition sont à distinguer :

$$\text{Re}_{t-1} = OK \rightarrow \text{Re}_t = Not\_OK$$
$$\text{Re}_{t-1} = OK \rightarrow \text{Re}_t = OK$$
$$\text{Re}_{t-1} = Not\_OK \rightarrow \text{Re}_t = OK$$
$$\text{Re}_{t-1} = Not\_OK \rightarrow \text{Re}_t = Not\_OK$$

La matrice de transition que l'on peut obtenir est donc M_states :

|   |   | $Re_{t-1}$ | |
|---|---|---|---|
|   |   | OK | NotOK |
| $Re_t$ | OK | 1/5 | 4/5 |
|   | NotOK | 3/7 | 4/7 |

TABLE 5.3: Matrice de transition d'états

A chaque instant donné, pour estimer la probabilité $P(\text{Re}_t|\text{Re}_{t-1})$, nous pouvons nous référer à la matrice de transition M_states (Table. 5.3) pour trouver la probabilité correspondante $P(\text{Re}_t|\text{Re}_{t-1})$. Par exemple, à l'instant *t-1*, la valeur du compte-rendu retourné de l'équipement est

Not OK. Cependant, à l'instant $t$, elle prend la valeur OK. La probabilité de transition entre les états est définie comme suit :

$$P(\text{Re}_t = OK \,|\, \text{Re}_{t-1} = Not\_OK) = \frac{4}{5}$$

## 5.5 Conclusion

Au terme de ce chapitre nous avons proposé différents modèles du CLFI permettant d'affiner son calcul. La proposition des trois modèles se justifie par rapport à l'utilisation que peut en faire l'expert. Plus il s'orientera vers un modèle de type RBDCM plus le résultat sera précis, mais au détriment d'un apprentissage plus long. Afin de l'aider à faire son choix, et donc à apprécier le juste compromis, nous suggérons le tableau 5.4 qui permet de positionner chacune des trois contributions.

| Les critères | Modèle Bayésien naïf | Modèle TAN | Modèle RBDCM |
|---|---|---|---|
| Données incomplètes et incertaines | ✓ | ✓ | ✓ |
| Les paramètres CLFI sont dépendants et discrets | — | ✓ | ✓ |
| Relations causales temporelles | — | — | ✓ |

TABLE 5.4: Synthèse des modèles proposés

Chacun des trois modèles présentés permet désormais de calculer en ligne ce CLFI pour chaque équipement de production considéré. Le chapitre suivant va s'attacher à présenter les algorithmes que nous proposons pour cela.

# Chapitre 6
# Algorithme de calcul

## 6.1 Introduction

Dans le cadre de ce chapitre, nous nous proposons de présenter les algorithmes de calcul que nous avons développés dans le cadre de l'estimation dynamique des compte-rendus d'exécution émis par les équipements de production.

Les algorithmes proposés se répartissent à la fois hors ligne mais également en ligne tel que le montre la structure dans la figure 6.1. En effet, avant d'envisager une exploitation en ligne, une étape d'apprentissage doit être préalablement menée afin de produire le modèle Bayésien retenu.

## 6.2 Étape d'apprentissage

Apprendre signifie estimer les différents paramètres du modèle du CLFI à partir des données mises à disposition par l'industriel.

Comme nous avons pu le voir dans les chapitres précédents, la méthode d'estimation dépend du paramètre considéré. Nous nous proposons ainsi de résumer par la suite les différentes méthodes retenues pour chacun d'entre eux :

(a) $P(Re)$. Il s'agit d'une probabilité a priori pour laquelle nous allons étudier le nombre d'occurrences de $(Re = OK)$ ou $(Re = NotOK)$ afin d'estimer $P(Re = OK)$ et $P(Re = NotOK)$.

(b) $P(R|Re)$. Comme présenté dans la section 6.4.1, page 90, nous reprendrons ici l'algorithme EM [33, 104] pour estimer ce paramètre. Il sera présenté en detail par la suite.

(c) $P(C|Re), P(TP|Re), P(PM|Re), P(CM|Re)$ peuvent être estimées sur la base d'une étude statistique du nombre d'occur-

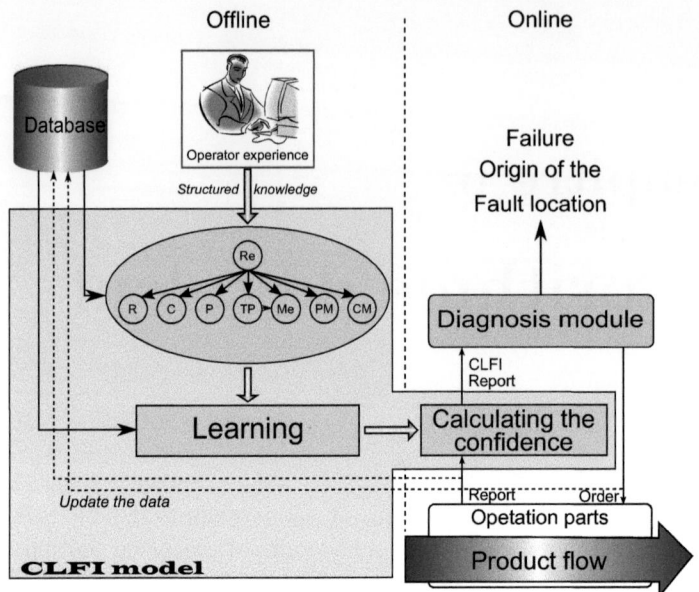

FIGURE 6.1: Etapes de calcul du CLFI

rences de chaque facteur $C$, $P$, $TP$, $PM$, $CM$ dans les données d'apprentissage. Par exemple, nous recherchons dans la base données combien de fois $(C = N)$; $(C = CR)$ ou $(C = MP)$; $(P = EF.AC.PA)$; $(P = EF.AC)$; etc,.

(d) $P(Me|Re, TP)$. Pour cette estimation, nous avons proposé un nouvel algorithme spécifique que nous détaillons dans le paragraphe 6.4.2.

(e) $P(M\_states)$. La matrice de transition sera quant à elle estimée sur la base de :

$$P(M\_states) = \frac{N(i,j)}{\sum_k N(i,k)}$$

avec :

$$N(i,j) = \sum_{t=2}^{T} I(\text{Re}_{t-1} = i, \text{Re}_t = j)$$
$$i, j = \{OK, NotOK\}$$

La suite de ce chapitre se propose donc de détailler en particulier les algorithmes d'apprentissage (b), (d) et (e). (a) et (c) restant triviaux.

Préalablement cependant, nous nous proposons d'introduire brièvement l'étape de calcul en ligne.

## 6.3 Étape de calcul en ligne

Sur la base des résultats de l'apprentissage, le calcul en ligne est déclenché sur l'occurrence d'un compte-rendu d'exécution émis par la machine de production. Il s'agit alors de calculer $P(\text{Re}_t | \theta_t, \text{Re}_{t-1})$ qui est décomposé en :

- le calcul de $P(\text{Re}_t | \theta_t)$ :

$$P(Re_t|\theta_t) = \frac{P(Re_t)P(R_t|Re_t)P(C_t|Re_t)P(P_t|Re_t)P(TP_t|Re_t)}{\underset{Re_t^j}{\sum} P(R_t, C_t, P_t, TP_t} \frac{P(Me_t|TP_t, Re_t)P(PM_t|Re_t)P(CM_t|Re_t)}{, Me_t, PM_t, CM_t, Re_t)}$$

$$Re_t^j = \{OK, NotOK\}$$

- le calcul de $P(\text{Re}_t | \text{Re}_{t-1})$ à partir de la matrice de transition $P(M\_states)$. Par exemple, à l'instant $t$ :$(Re_{t-1} = NotOK)$ et $(Re_t = OK)$, nous nous appuyons sur $P(M\_states)$ pour trouver $P(\text{Re}_t | \text{Re}_{t-1})$.
- et enfin le calcul du CLFI avec

$$P(\text{Re}_t | \theta_t, \text{Re}_{t-1}) = \frac{P(\text{Re}_t | \text{Re}_{t-1}).P(\text{Re}_t | \theta_t)}{P(\text{Re}_t)}$$

Les étapes d'apprentissage et de calcul en ligne étant désormais montrées, nous nous proposons maintenant de présenter au lecteur les différents algorithmes associés que nous proposons.

## 6.4 Algorithme de calcul

L'algorithme général (cf. Algorithme 1) proposé est naturellement structuré autour des deux grandes étapes présentées précédemment et reprend au sein de ces étapes les calculs intermédiaires requis.

**Algorithm 1:** Computing CLFI Dynamic algorithm
**Input:** Training data set ; A new vector of parameters
$\{R_t, C_t, P_t, TP_t, PM_t, CM_t\}$, and Report at time $t$ $\{Re_t\}$
**procedure** LEARNING
    Compute a prior probability : $P(Re_t)$
    Compute a probability : $P(R_t|Re_t)$ over time
    Compute a probability : $P(C_t|Re_t)$ ; $P(P_t|Re_t)$ ; $P(TP_t|Re_t)$ ;
    $P(TP_t|Re_t)$ ; $P(PM_t|Re_t)$ ; $P(CM_t|Re_t)$
    Compute a probability : $P(Me_t|TP_t, Re_t)$ with respect to $TP_t$
    Compute a probability : $M\_States$
**end procedure**
**procedure** TESTING($Re_t, R_t, C_t, P_t, TP_t, PM_t, CM_t$)
    Compute a probability : $P(\text{Re}_t|\theta_t)$
    Compute a probability : $P(\text{Re}_t|\text{Re}_{t-1})$
    Compute a probability : $P(\text{Re}_t|\theta_t, \text{Re}_{t-1}) = \frac{P(\text{Re}_t|\text{Re}_{t-1}).P(\text{Re}_t|\theta_t)}{P(\text{Re}_t)}$
    **return** : $P(\text{Re}_t|\theta_t, \text{Re}_{t-1})$
**end procedure**
**Output:** Probability $P(\text{Re}_t|\theta_t, \text{Re}_{t-1})$

### 6.4.1 Algorithme de calcul de $P(R_t|Re_t)$

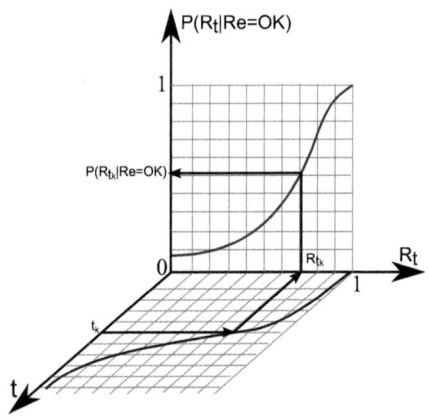

FIGURE 6.2: Relation entre fiabilité du système de mesure et le compte-rendu émis

L'objectif ici est de calculer à un instant t donné la fiabilité du système de captage de la machine de production considérée et d'estimer alors son influence sur le compte-rendu émis. Cela revient donc à établir une relation entre $R$ et $Re$ comme le montre la figure 6.2

---
**Algorithm 2:** Algorithm for compute $P(R_t|Re_t)$

**Input**: Training data set and $\lambda_i$
  **procedure** COMPUTING : $\mathrm{R}(\lambda_i)$ [a]
  $$R(t) \leftarrow 1 - \prod_{i=1}^{n}\left(1 - e^{-\lambda_i t}\right)$$
  **return** : $R(t)$
  **end procedure**
  **procedure** ESTIMATION : $P(R(t)|Re_t)$ (Training data set)
  $\tau_i, \mu_i, \sigma_i \leftarrow AlgorithmEM$
  $$f(t) \leftarrow \sum_{i=1}^{k} \tau_i \frac{1}{\sigma_i\sqrt{2\pi}} e^{-\frac{(t-\mu_i)^2}{2\sigma_i^2}}$$
  **return** : $P(R(t)|Re_t) = f(t)$
  **end procedure**
  **foreach** *time* $t_j$ **do**
   Calculate $P(R|\mathrm{Re})|_{t_j} \leftarrow f(t_j)$
   **return** : $P(R_{t_j}|Re_{t_j})$

**Output**: $P(R_t|Re_t)$

---
a. Hypothèse : système de mesure fortement parallèle

Ceci sera calculé en deux étapes (cf. Algorithme 2) :

- Application de l'équation 4.3 (équation du système en parallèle), page 64 pour calculer la fiabilité du système de captage en fonction du temps $R(t)$.

- Application de l'algorithme EM [33, 104] pour déterminer la loi de distribution de probabilité de $R(t)$ via la détermination des paramètres $\tau_i, \mu_i, \sigma_i$ (Gaussian Mixture ).

### 6.4.2 Algorithme de calcul de $P(Me_t|Re_t, TP_t)$

Comme nous l'avons montré au chapitre 5, section 5.3, page 79, le calcul de $P(Me_t|Re_t, TP_t)$ requiert une étape préalable de fusion de données historiques (celles issus de l'équipement de production avec celles issues de l'équipement de métrologie) afin de calculer $P(Me_t|Re_t, TP_t)$.

Le calcul de $P(Me_t|Re_t, TP_t)$ se réalise alors sur la base de l'équation 5.7 page 80. Ces deux étapes sont synthétisées au sein de l'algorithme 3 développé ci-après :

**Algorithm 3:** Algorithm for compute $P(Me_t|TP_t, Re_t)$
**Input:** Data :
- Production data
- Metrology data

**begin**
$\quad TP\_P = \{TypeA, TypeB, .., TypeL, ...\} \leftarrow$
$\quad Production\ data;$
$\quad TP\_M = \{TypeA, TypeB, .., TypeL, ...\} \leftarrow Metrology\ data;$
$\quad n : Number\ of\ TP\ in\ Production\_data \leftarrow TP\_P;$
$\quad m : Number\ of\ TP\ in\ Metrology\_data \leftarrow TP\_M;$
$\quad$ **for** $i=1$ **to** $lenght(Metrology\ data)$ **do**
$\quad\quad$ **for** $j=1$ **to** $lenght(Production\ data)$ **do**
$\quad\quad\quad$ **foreach** $TP\_P(l) = TP\_M(k); l \in n; k \in m$ **do**
$\quad\quad\quad\quad$ **if** $Date(Production\ data(i)) \leq Date(Metrology\ data(j))$ **then**
$\quad\quad\quad\quad\quad Mix\ data(i) \leftarrow$
$\quad\quad\quad\quad\quad Production\ data(i) + Metrology\ data(j);$

$\quad$ **foreach** $Type\ of\ produit\ in\ the\ Mix\ data$ **do**
$\quad\quad$ Calculate $P(Me, TP, Re);$
$\quad$ At time $t$;
$\quad$ Calculate $P(Me_t\ |TP_t, \text{Re}_t) = \frac{P(\text{Re}_t, TP_t, Me_t)}{\sum\limits_{Me_r} P(TP_t, \text{Re}_t, Me_t^r)}; Me_r =$
$\quad \{Pass, NotPass\}$
$\quad$ **return** : $P(Me_t|TP_t, Re_t)$

**Output:** Probability : $P(Me_t|TP_t, Re_t)$

## 6.5 L'algorithme pas à pas

Afin de faciliter l'interprétation algorithmique, nous proposons ici de l'étudier sur un exemple volontairement réduit (cf. données historiques annexées).

Rappelons que le calcul du CLFI se réalise sur la base des l'équation 5.17, page 84 :

$$CLFI = P(\text{Re}_t | R_t, C_t, P_t, TP_t, Me_t, PM_t, CM_t, \text{Re}_{t-1}) \quad (6.1)$$

$$CLFI = P(\text{Re}_t | \theta_t, \text{Re}_{t-1}) = \frac{P(\text{Re}_t | \text{Re}_{t-1}).P(\text{Re}_t | \theta_t)}{P(\text{Re}_t)} \quad (6.2)$$

Reste donc à calculer les éléments :
- $P(\text{Re}_t | \theta_t) = P(\text{Re}_t | R_t, C_t, P_t, TP_t, Me_t, PM_t, CM_t) = ?$
- $P(\text{Re}_t | \text{Re}_{t-1}) = ?$
- $P(\text{Re}_t) = ?$

Pour illustrer la méthode apprentissage des paramètres, nous nous proposons de considérer le cas particulier suivant :

Instant t : $\text{Re}_t = OK; R_t = 0.36245; C_t = N; P = EF.AC.PA; TP_t = Pass; Me_t = Pass; PM_t = 7; CM_t = 4$

Nous implémentons comme suit :

**Apprentissage**

Évaluation statistique de $P(Re)$ :

$$P(\text{Re} = OK) = 0.4464$$

$$P(\text{Re} = NotOK) = 0.5536$$

Évaluation conditionnelles de :

$P(R_t = 0.36245 | \text{Re}_t = OK) = 0.71501$
$P(R_t = 0.36245 | \text{Re}_t = Not\_OK) = 0.2850$
$P(C_t = N | \text{Re}_t = OK) = 0.50134$
$P(C_t = N | \text{Re}_t = Not\_OK) = 0.4921$
$P(P_t = EF.AC.PA | \text{Re}_t = OK) = 0.099686$
$P(P_t = EF.AC.PA | \text{Re}_t = Not\_OK) = 0.0983$
$P(TP_t = TypeB | \text{Re}_t = OK) = 0.4888$
$P(TP_t = TypeB | \text{Re}_t = Not\_OK) = 0.5013$
$P(PM_t = 7 | \text{Re}_t = OK) = 0.096326$
$P(PM_t = 7 | \text{Re}_t = Not\_OK) = 0.1033$
$P(CM = 4 | \text{Re}_t = OK) = 0.1017$
$P(CM = 4 | \text{Re}_t = Not\_OK) = 0.0957$

Évaluation de $P(Me | TP, Re)$ :

$$P(Me_t | TP_t, \text{Re}_t) = \frac{P(\text{Re}_t, TP_t, Me_t)}{\sum\limits_{Me_t^r}^{1} P(TP_t, \text{Re}_t, Me_t^r)}; Me_t^r = \{Pass, NotPass\} \tag{6.3}$$

Soit en appliquant l'algorithme 3, page 92 :
$P(\text{Re}_t = OK, TP = TypeB, Me = Pass) = 0.0967$

$$P(\text{Re}_t = OK, TP = TypeB, Me = Not\_Pass) = 0.0133$$
$$P(\text{Re}_t = Not\_OK, TP = TypeB, Me = Pass) = 0.1211$$
$$P(\text{Re}_t = Not\_OK, TP = TypeB, Me = Pass) = 0.0142$$
$$P(Me_t = Pass \,|\, TP_t = TypeB, \text{Re}_t = OK) = \frac{0.0967}{0.0967+0.0133} = 0.8790$$
$$P(Me_t = Pass \,|\, TP_t = TypeB, \text{Re}_t = Not\_OK) = \frac{0.1211}{0.1211+0.0142} = 0.8950$$

et $P(\text{Re}_t \,|\, \text{Re}_{t-1})$

$$P(\text{Re}_t \,|\, \text{Re}_{t-1}) = \frac{N(i,j)}{\sum_k N(i,k)}$$

avec les résultats :

|  |  | $Re_{t-1}$ | |
|---|---|---|---|
|  |  | OK | NotOK |
| $Re_t$ | OK | 0.42886 | 0.57114 |
|  | NotOK | 0.33738 | 0.66272 |

TABLE 6.1: Matrice de transition états

**Calcul en ligne du CLFI**

La probabilité $P(Re)$ à l'instant $t$ :  $P(\text{Re} = OK) = 0.4464$

Nous pouvons calculer la probabilité $P(Re_t|Re_{t-1})$ dans l'instant $t$ : $P(\text{Re}_t = OK \,|\, \text{Re}_{t-1} = OK) = 0.42886$

**Nous examinons la probabilité :**

$$P(\text{Re}_t \,|\, \theta_t) = P(\text{Re}_t \,|\, R_t, C_t, P_t, TP_t, Me_t, PM_t, CM_t)$$

$$P(\text{Re}_t \,|\, \theta_t) = P(\text{Re}_t \,|\, R_t, C_t, P_t, TP_t, Me_t, PM_t, CM_t)$$
$$= \frac{P(\text{Re}_t).P(R|\text{Re}_t).P(C|\text{Re}_t).P(P|\text{Re}_t).P(TP|\text{Re}_t).P(Me|TP,\text{Re}_t).P(PM|\text{Re}_t).P(CM|\text{Re}_t)}{\sum Re_j^1 P(\theta_t, \text{Re}_j)}$$
(6.4)

Pour calculer la probabilité $P(\text{Re}_t \,|\, \theta_t)$ dans l'équation 6.4, nous utilisons les probabilités $P(Re)$ , $P(C|Re)$ , $P(P|Re)$ , $P(TP|Re)$ , $P(Me|TP,Re)$ , $P(PM|Re)$ , $P(CM|Re)$ à l'instant $t$.

Ainsi, à partir de l'équation (6.4), nous pouvons calculer :

$$P(\text{Re}_t | \theta_t) = \frac{6.7150 * 10^{-5}}{6.7150 * 10^{-5} + 3.3856 - 10^{-5}} = 0.6648$$

**Nous calculons le CLFI utilisant l'équation 6.2 à l'instant** $t$ :

$$CLFI = P(\text{Re}_t | \theta_t, \text{Re}_{t-1}) = \frac{0.42886 * 0.6648}{0.4464} = \frac{0.2851}{0.4464} = 0.6387$$

Ainsi à l'instant $t$ si nous considérons les paramètres de l'équipement : $\text{Re}_t = OK; R_t = 0.36245; C_t = N; P = EF.AC.PA; TP_t = Pass; Me_t = Pass; PM_t = 7; CM_t = 4$, la confiance calculé du compte-rendu $(Re = OK)$ est égal à 63,87%.

## 6.6 Conclusion

Ce chapitre s'est attaché à présenter les différents algorithmes de calcul que nous proposons pour estimer le CLFI. Structurés selon deux étapes essentielles, l'une effectuée hors ligne (apprentissage) et l'autre en ligne (calcul dynamique du CLFI), l'approche se prête bien à une intégration progressive en atelier. Elle fournit ainsi un support à l'apprentissage et au calcul qui peut être considéré soit comme un outil indépendant, soit dans une approche de diagnostic automatisée telle que celle proposée dans [29].

Algorithmes et modèles étant désormais proposés, la dernière partie de ce mémoire va s'attacher à confronter notre approche à un exemple d'application.

# Troisième partie
# Exemple d'application

# Chapitre 7
# Cas d'étude

## 7.1 Introduction

Dans le cadre de cette partie, nous nous proposons de confronter notre approche à un cas d'étude réel. Pour ce faire, nous avons profité du contexte de collaboration avec la société STMicroelectronics Crolles et G-SCOP formalisé au travers du projet européen IMPROVE [1].

Comme nous allons le voir rapidement, ce secteur industriel est particulièrement adapté au test d'une telle approche ne serait-ce que de par sa complexité et différent niveaux d'incertitudes constatés.

Aussi, dans ce chapitre, nous nous proposons de présenter le cas d'étude considéré. Il s'agira dans un première temps de présenter brièvement les caractéristiques principales de ce type de production. Après quoi, nous proposons une analyse détaillée du process de production qui nous amènera à mettre en exergue les propriétés de complexité et d'incertitude. Enfin, ce chapitre se terminera par la présentation du SAP que nous considérons pour ce cas d'étude.

## 7.2 Système de production de Semi-Conducteur

### 7.2.1 Généralités

Le marché du semi conducteur est en forte croissance depuis quelques années avec l'évolution considérable des technologies mises à disposition du consommateur (i.e. téléphone, portable, ordinateur,...).

---

[1]. Le projet Européen IMPROVE *(Implementing Manufacturing science solutions to increase equiPement pROductiVity and fab pErformance)*

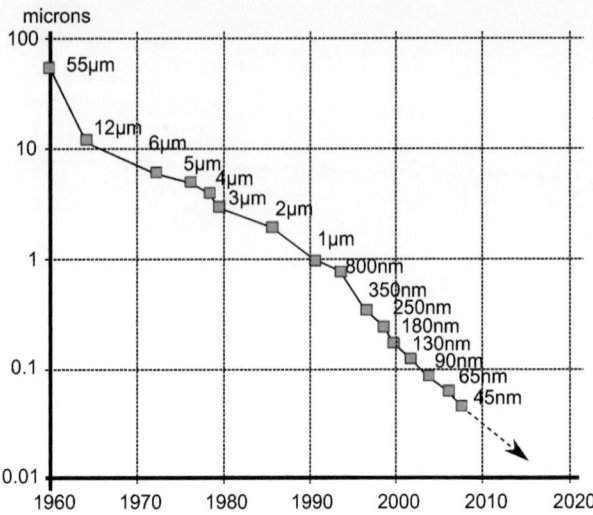

FIGURE 7.1: Taille minimale des transistors *(Roadmap SIA 1999)*

Cette évolution se traduite en particulier par une miniaturisation importante des composants électroniques atteignant des taux de réduction de taille de 13% par an (cf. figure 7.1), les prévisionnistes annoncant un maintien de ce taux au moins jusqu'au milieu de cette décennie.

En parallèle à cette miniaturisation, une augmentation de la taille de disques de siliciums (aussi appelée Wafer) sur lesquels les composants électroniques sont *gravés* a été opérée passant de diamètres de 100mm, il y a quelques années à des diamètres de 300mm aujourd'hui.

Il en résulte une maitrise des process de fabrication de plus en plus difficile qui a naturellement participé à l'émergence du contrôle avancé de tels procédés (Advanced Process Control - APC).

### 7.2.2 Process de fabrication

La fabrication du wafer s'appuie sur une série d'étapes de traitement importantes [85], en moyenne 700 opérations sur un parc de 200 machines.

Nous avons restitué dans la figure 7.2 les macro-étapes de cette fabrication depuis la matière première (silice) au boitier (microprocesseur).

Ces étapes clés sont Physical Vapor Deposition (PVD) et Chemical Vapor Deposition (CVD), photolithographie, gravures par plasma

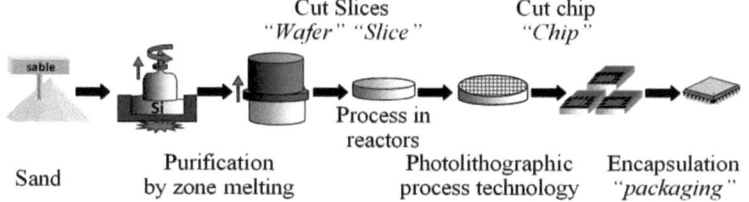

FIGURE 7.2: Vue simplifiée des étapes de fabrication d'une microprocesseur

(Plasma Etch), Rapid Thermal Processing (RTP), et polissage mécano-chimique (CMP) (voir figure 7.3).

Durant la fabrication, un cristal de silicium est étiré lentement afin de former un cylindre appelé lingot. Ce dernier est ensuite découpé en disques appelés *wafers*. Chacun d'entre eux est ensuite poli pour obtenir le qualité du surface requise.

Un procédé de dépôt de substrat est par la suite appliqué au disque poli afin de fournir une surface propre (non contaminée) prête à accueillir les autres process de fabrication. Ainsi, le wafer est exposé à de très hautes températures afin dans un premier temps de former une couche ($SiO_2$) diélectrique (oxydation). Le wafer est alors revêtu d'un matériau photo-résistant. Un processus de lithographie peut alors être lancé afin de réaliser un masque sur le matériau photo-résistant : la lumière durcit les portions exposées. Un processus de gravure permet alors d'enlever l'oxyde ($SiO_2$) des parties non durcies, reste alors le motif endurci sur le wafer. Un processus de diffusion et implantation est ensuite appliqué afin de déposer des ions (dopage) sur parties exposées. Différentes régions au caractère de conductivité différentes sont alors obtenues. Ce process de lithographie est répété autant de fois que le nécessite les spécifications du microprocesseur considéré afin de former les transistors requis. Un process de métallisation est ensuite lancé afin de déposer une couche d'aluminium ou de cuivre sur le wafer. L'excès de métal est ensuite enlevé par un autre process de lithographie afin de conférer l'inter-connectivité désirée. Une autre couche d'oxyde diélectrique est déposée sur l'aluminium ou cuivre pour isoler la première couche d'aluminium de la couche suivante. A ce point, chaque wafer est poli utilisant un polissage mécano-chimique (CMP) pour obtenir un wafer à surface lissée. Puis la couche d'aluminium (cuivre, titanium) suivante est déposée, modelée, et gravée afin de créer une autre couche. Le processus est répété en autant de couches inter-connectées que nécessaire pour la conception du chip. In fine, pour fabriquer un wafer, il se sera écoulé entre 56 et 60 jours, pendant lesquels plus de 200 opérations/produit auront été effectuées.

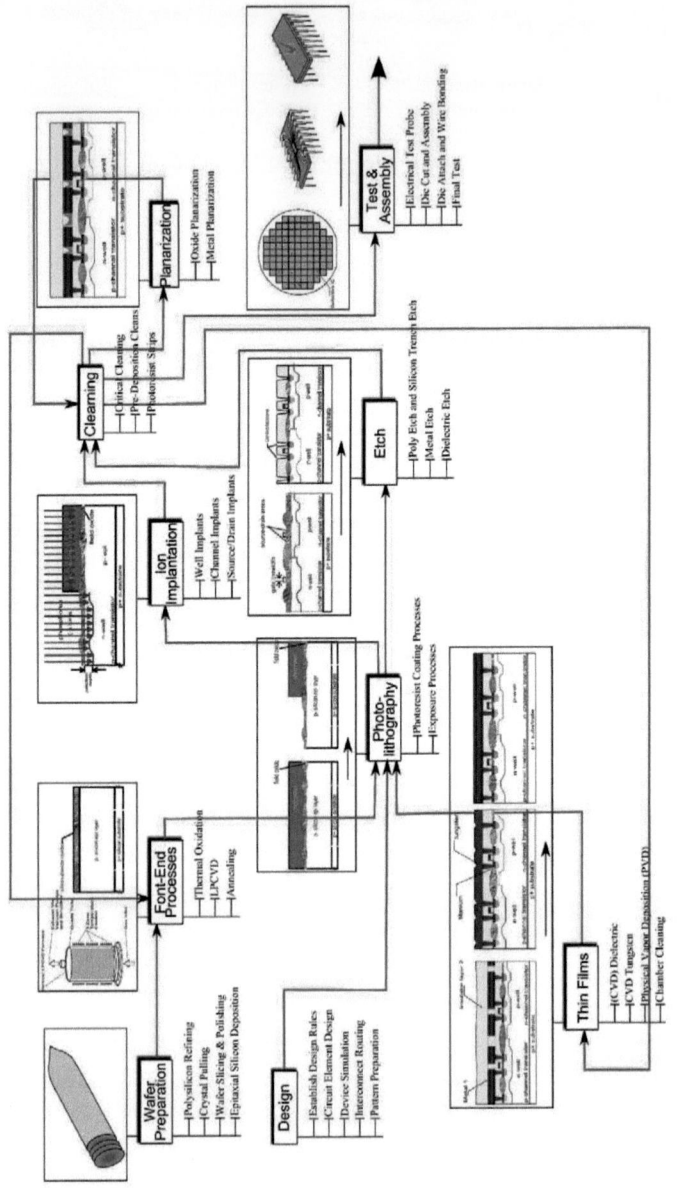

FIGURE 7.3: Processus global de production semi-conducteurs

## 7.2.3 Process de production et maitrise de la qualité de fabrication

Comme nous venons de le voir, le process de production des wafers se révèle être complexe et particulièrement sensible ne serait-ce que sur le plan économique :
- Coût d'un wafer nu : 100$
- Coût d'un wafer en sortie d'usine : 1000$-15000$

Aussi, était-il nécessaire de mettre en place un processus de surveillance adapté au contexte. Ainsi, au delà des machines de traitement complexes, des machines de métrologies ont été implantées afin de tester les produits durant le cycle de fabrication. La figure 7.4 les représente.

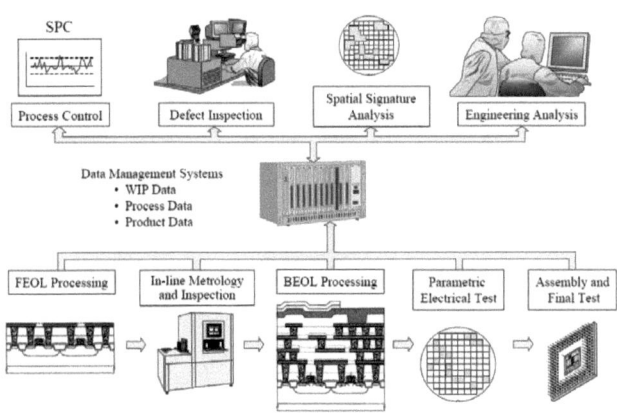

FIGURE 7.4: Métrologie dans la système de production [85]

Une analyse retracée dans la figure 7.5, des rejets des produits ayant subi des tests permettent de révéler que les causes principales des produits jugés *Out of control* (OC) sont issues des dérives non maitrisées des équipements de production, ce qui montre à quel point ici l'approche que nous proposons est pertinente : les équipements de production attestent qu'un produit a été correctement traité alors que ce n'est pas le cas. Le besoin de localiser, suite à la détection et un produit hors contrôle, l'équipement à l'origine du défaut est de fait crucial pour :
- lancer une maintenance corrective sur la bonne machine ,
- améliorer ainsi les rendements de production minimisant les temps d'arrêts et de dérives.

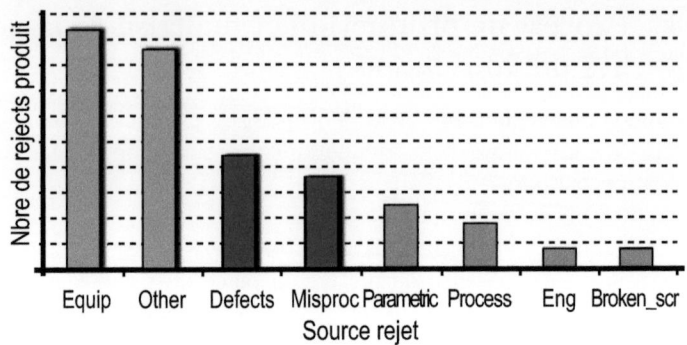

FIGURE 7.5: Nombre de rejets classés par source [70]

## 7.3 Procédures de contrôle dans le domaine du semi-conducteur

D'un point de vue industriel et afin de contribuer à limiter les pertes et donc les rendements les industriels ont intégré différentes techniques de contrôles basées sur l'exploitation des différentes données du site de production, que ce soient celles issues de la métrologie, du monitoring, etc,. Ces approches font parties de ce que l'on appelle l'Advanced Process Control (APC) [67], [92, 91] et sont généralement structurées selon trois blocs distincts tel que l'expose la figure 7.6 : le Run 2 Run, la FDC, la métrologie (SPC).

Notons que ces approches se localisent dans la structure CIM au sein des deux premiers niveaux de l'architecture tel que montré dans la figure 7.7 [51, 7, 101]. Nous nous proposons dans ce qui suit de détailler ces trois blocs.

### 7.3.1 Contrôle de Run to run

La Figure 7.8 s'agit de boucles de régulation qui ont pour objectif de garantir la stabilité des processus de fabrication durant toute la vie de l'équipement [67]. Ces boucles assurent la liaison entre la SPC de la FDC.

### 7.3.2 Contrôle de FDC

Correspondant à *Fault Detection and Classification*, ce système permet de suivre en temps réel l'évolution des paramètres des équi-

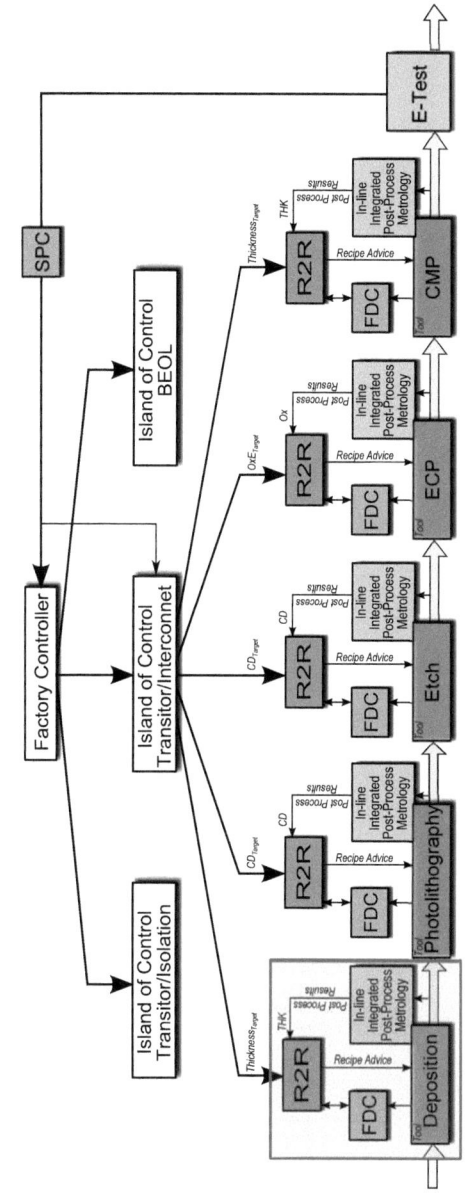

FIGURE 7.6: Contrôle des processus de semi-conducteurs

pements (température, pression, etc) [90]. Ainsi, durant les étapes de fabrication, les paramètres équipement sont collectés permettant ainsi

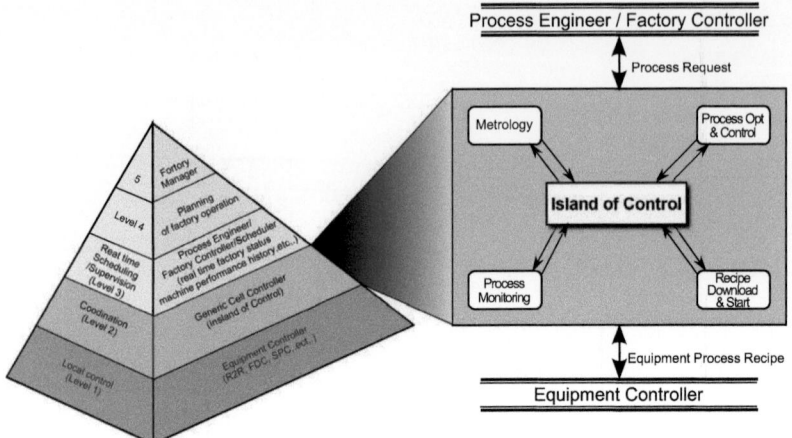

FIGURE 7.7: Architecture CIM dans la production de semi-conducteurs

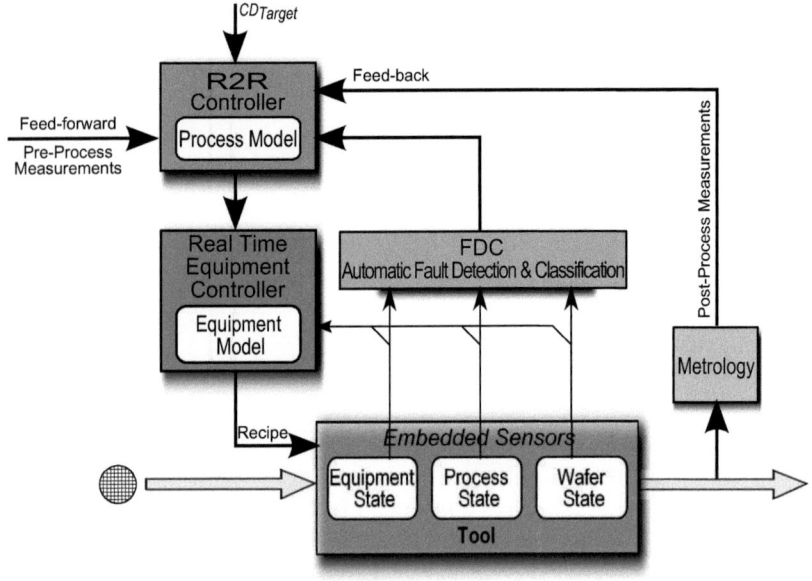

FIGURE 7.8: Contrôle de Run to Run

de mieux maitriser les anomalies de fonctionnement.

### 7.3.3 Contrôle de SPC

SPC correspond au *Statistical Process Control*. Un tel système permet de contrôler les lignes de production à l'aide d'indicateurs de performance comme par exemple l'épaisseur, la pression, le centrage [67]. Le SPC est généralement appliqué sur trois types de mesures :
– Les mesures physiques qui permettent de vérifier avec retard la conformité de ce qui a été fait par rapport à ce qui a été demandé.
– Les mesures paramétriques, réalisées sur tous les wafers d'un lot. Nous parlerons de PT (Parametric Tests).
– Les mesures électroniques faites sur des produits finis et donc en fin de ligne. Nous parlons de EWS (Electrical Wafer Sorting).
Ces types de mesures sont associées à deux types de limites :
– Les limites de spécification à ne pas franchir pour un bon fonctionnement des circuits.
– Les limites de contrôle fixant des frontières qualifiant le bon fonctionnement de l'opération en cours.

## 7.4 Conclusion

Ce chapitre nous a permis de présenter le cadre d'application de notre approche, à savoir les ateliers semi-conducteurs. Considérés comme fortement complexes et incertains, ils se prêtent parfaitement à notre étude. Afin de mieux appréhender ce type de process, nous avons présenté comment un produit était fabriqué et quels étaient les problèmes posés au niveau de sa fabrication. Nous avons ainsi montré que la majorité des défauts produits détectés étaient issus des dérives équipement montrant à quel point l'approche proposée se prête bien à ce type de process.

Afin de proposer une intégration lucide de notre approche dans ce milieu, le reste du chapitre s'est attaché à exposer les approches industrielles à ce jour déployées pour limiter ces dérives. Notre approche se positionne en tant que brique supplémentaire à celles déjà mises en pratique afin de contribuer à accroitre les rendements de production en améliorant la localisation des équipements de production à l'origine possible du défaut.

# Chapitre 8
# Modélisation et Résultats

## 8.1 Introduction

Dans le cadre de ce chapitre nous nous proposons d'appliquer notre approche à un cas d'étude inspiré d'un process industriel réel : un atelier de production de semi-conducteurs.

Aussi, nous reprendrons dans un premier temps le système de pilotage retenu à titre d'exemple ainsi que les bases de données considérées. Après quoi, nous développerons l'étape de modélisation qui nous amènera naturellement à analyser le comportement des algorithmes de calcul que nous avons développés. La section 8.4 sera ensuite consacrée à l'évaluation de notre approche sur la base de différents scénarios. Enfin, la dernière section de ce chapitre montera comment notre approche s'intègre dans le cadre d'une analyse diagnostique permettant de localiser au mieux les équipements à l'origine possible du défaut produit détecté.

## 8.2 Système de production considéré

L'exemple retenu ici est celui introduit dans le chapitre précédent (cf. la section 7.3, page 102) et repris dans la figure 8.1. Cet atelier est structuré autour de cinq équipements de fabrication et un équipement de métrologie. Chacun équipements considérés dispose des moyens de commande et de contrôle (R2R, FDC, SPC) et l'ensemble est coordonné par un niveau de coordination intégrant le système de commande ainsi qu'un bloc de diagnostic et de calcul du CLFI.

Les ordres de fabrications émis par le système de coordination correspondent aux différentes étapes de process requises : *Thickness* pour l'équipement de *Deposition*, *CD* pour l'équipement *Photolithography*, etc,.

Afin d'alimenter la modélisation du CLFI et donc de mener l'apprentissage requis, il est nécessaire de pouvoir avoir accès aux données historiques de production. Pour ce faire, nous nous sommes appuyés sur celles de FDC, SPC, R2R mises à disposition par notre partenaire industriel [52]. La figure 8.2 présente ces bases de données et montre également la synthèse nécessaire à la mise en forme des deux tables de données requises par notre approche : la table de vie de l'équipement, la table de métrologie des produits.

Pour des raisons de confidentialité, l'accès aux données a été volontairement limité. L'importance ici étant mis sur la nature des colonnes proposées ; l'approche peut naturellement être appliquée à d'autres contextes de production.

## 8.3 Modélisation

Sur la base du SAP considéré figure 8.1 nous nous sommes focalisés ici sur l'équipement de *Photolithographie* et sur les données historiques le concernant.

A partir de ces données que le lecteur peut trouver dans l'annexe, nous nous proposons de développer l'approche de modélisation.

### 8.3.1 Modèle

Nous avons ici proposé de développer le modèle le plus complet soumis dans le cadre de notre approche, à savoir le modèle Bayésien augmenté et dynamique dont la structure a été présentée dans la section 5.4, page 81 et repris ici dans la figure 8.3. Ce modèle a pour fondement l'équation 8.1 :

$$P(\text{Re}_t | \theta_t, \text{Re}_{t-1}) = \frac{P(\text{Re}_t | \text{Re}_{t-1}).P(\text{Re}_t | \theta_t)}{P(\text{Re}_t)} \quad (8.1)$$

A partir du modèle CLFI et les bases de données présentées dans la section 8.2, nous appliquons l'algorithme 1, page 90 pour calculer le CLFI de l'équipement. Pour ce faire, les étapes suivantes sont requises.

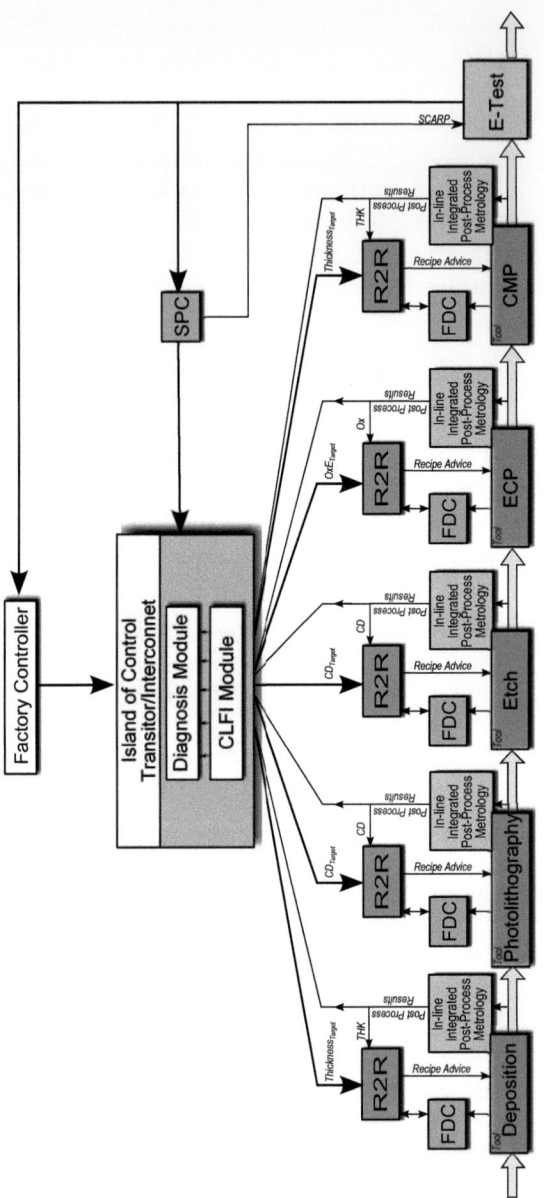

FIGURE 8.1: Cas d'étude considéré

## 8.3.2 Processus d'apprentissage

Tout d'abord, nous exécutons l'étape d'apprentissage de bases de données pour calculer les différentes probabilités tel que montrée dans

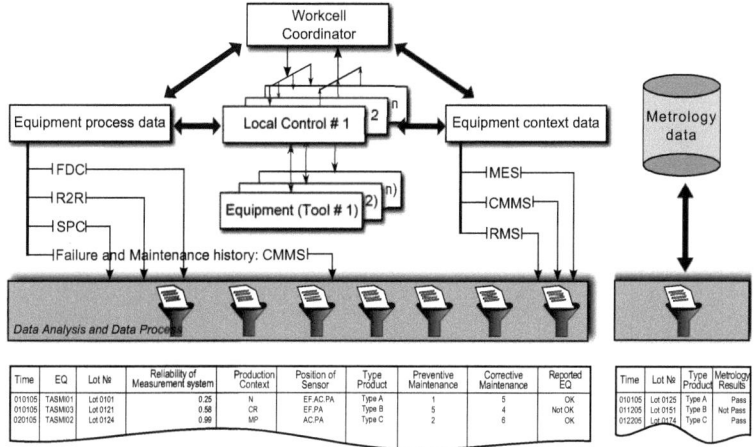

FIGURE 8.2: Bases de données

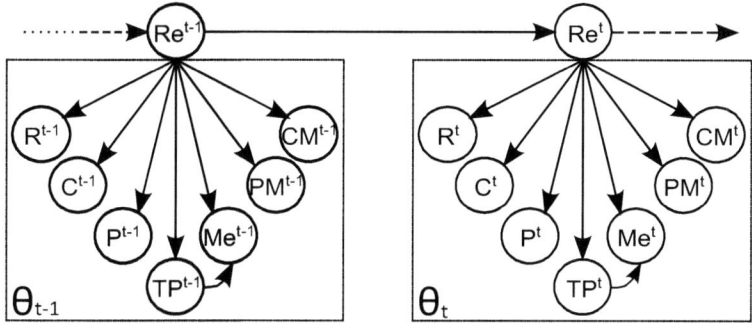

FIGURE 8.3: Modèle CLFI pour un Système de production Semi-Conducteur

la figure 8.4.

Chaque partie des bases de données nous permet d'obtenir un nœud dans le modèle RBDMC. Il nous faut donc calculer les probabilités $P(Re)$, $P(C|Re)$, $P(TP|Re)$, $P(PM|Re)$, $P(CM|Re)$, $P(Me|Re,TP)$ et $P(M\_states)$.

### 8.3.2.1 Processus de calcul des probabilités : $P(C|Re)$, $P(TP|Re)$, $P(PM|Re)$, $P(CM|Re)$

Comme nous l'avons vu dans les chapitres précédents, il s'agit ici de mener des analyses statistiques essentiellement axées sur des calculs

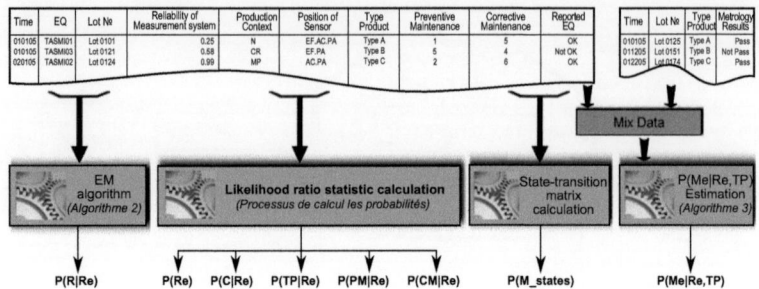

FIGURE 8.4: Processus d'apprentissage de Bases de Données

d'occurrence de paramètres.

Afin d'illustrer ce principe, nous invitons le lecteur à se reporter à la figure 8.5 et en particulier à la ligne 68 du code que nous avons développé. La fonction *P_Production* nous permet ici d'évaluer la variable *P_Context*. L'algorithme de cette fonction comptabilise le nombre de changements de contexte de production (par exemple : CR, MP, N) au sein de la colonne de contexte de la base de données. Ensuite, nous combinons simultanément ces données avec les informations dans la colonne de compte-rendu $Re=OK$, ou $Re = Not\ OK$ dans l'objectif de déterminer la probabilité de $P(C|Re)$ (cf. ligne 10 du code de la *function*).

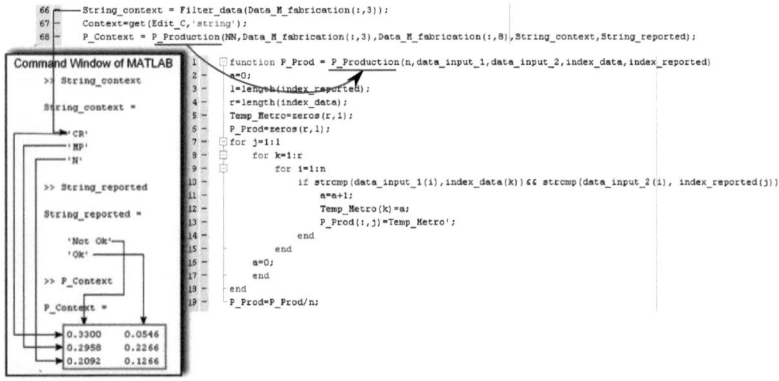

FIGURE 8.5: Processus de calcul de la probabilité $P(C|Re)$

### 8.3.2.2 Calcul de la probabilité $P(R|Re)$

L'algorithme développé ici s'appuie sur les principes développés dans la section 6.4.1 du chapitre 6, page 90. Le programme correspondant est montré dans la figure 8.6. Il permet de calculer la fiabilité du système de captage embarqué eu sein de l'équipement de production considéré en fonction du temps, en le corrélant aux résultats des comptes-rendus. Aussi ils combinent algorithme de fiabilité et algorithme EM que nous retrouvons ligne 41 à 51 pour l'étape E et ligne 53 à 73 pour l'étape M.

Les résultats $P(R|Re)$ obtenus sont exposés dans la figure 8.7 où le lecteur pourra également visualiser les paramètres $\tau_i, \mu_i, \sigma_i$.

```
41 -     for K=1:30
42 -        while 1
43 -           tau_old= tau;
44 -           mu_old= mu;
45 -           sigma_old=sigma;
46             % pmx(m,x|param)
47 -           pmx=zeros(M,N);
48 -           for cm=1:M ...
51 -           p = pmx ./ repmat(sum(pmx), M, 1);
52             % M step: ML estimate the parameters of each class (i.e., p, mu, sigma)
53 -           for j=1:M ...
58 -           t=max([norm( tau_old- tau)/norm( tau_old);
59 -                  norm( mu_old- mu)/norm( mu_old);
60 -                  norm(sigma_old-sigma)/norm(sigma_old)]);
61 -           c=c+1;
62 -           if t<epsilon
63 -              break;
64 -           end
65 -           if c>Nit
66 -              disp('reach maximal iteration')
67 -              break;
68 -           end
69             %pause
70         end
71 -        Value_tau_int(:,K)=tau;
72 -        Value_mu_int(:,K)=mu;
73 -        Value_sigma_int(:,K)=sigma;
74 -        if K==29
75 -           tau=mean(Value_tau_int')';  % normlize, such that sum(a_EM)=1
76 -           mu=mean(Value_mu_int')';
77 -           sigma=mean(Value_sigma_int')';
78 -        end
79      end
```

FIGURE 8.6: Programme de calcul de la probabilité $P(R|Re)$

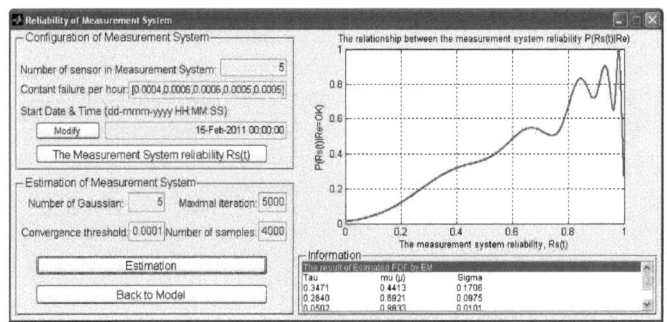

FIGURE 8.7: Résultats obtenus de $P(R|Re)$

### 8.3.2.3 Calcul de la probabilité $P(Me|Re, TP)$

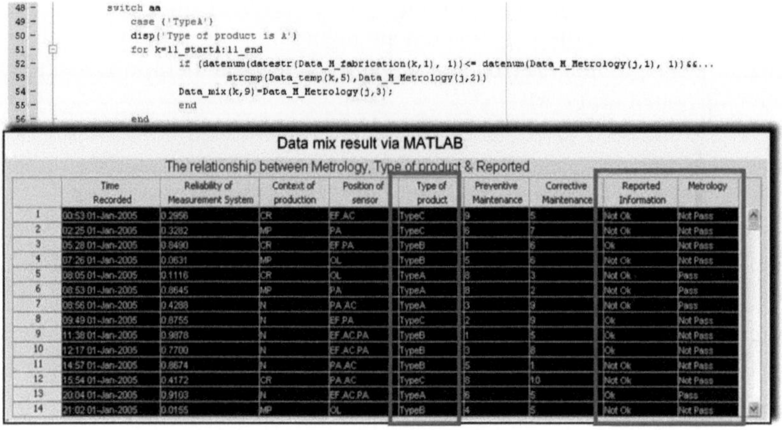

```
48 -        switch aa
49 -            case ('TypeA')
50 -            disp('Type of product is A')
51 -            for k=11_startA:11_end
52 -                    if (datenum(datestr(Data_M_fabrication(k,1), 1))<= datenum(Data_M_Metrology(j,1), 1))&&...
53                              strcmp(Data_temp(k,5),Data_M_Metrology(j,2))
54 -                    Data_mix(k,9)=Data_M_Metrology(j,3);
55 -                    end
56 -            end
```

**Data mix result via MATLAB**

The relationship between Metrology, Type of product & Reported

| | Time Recorded | Reliability of Measurement System | Context of production | Position of sensor | Type of product | Preventive Maintenance | Corrective Maintenance | Reported Information | Metrology |
|---|---|---|---|---|---|---|---|---|---|
| 1 | 00:53 01-Jan-2005 | 0.2956 | CR | EF AC | TypeC | 9 | 5 | Not Ok | Not Pass |
| 2 | 02:25 01-Jan-2005 | 0.3282 | MP | PA | TypeC | 6 | 7 | Not Ok | Not Pass |
| 3 | 05:28 01-Jan-2005 | 0.8490 | CR | EF PA | TypeB | 1 | 6 | Ok | Not Pass |
| 4 | 07:26 01-Jan-2005 | 0.0631 | MP | OL | TypeB | 5 | 6 | Not Ok | Not Pass |
| 5 | 08:05 01-Jan-2005 | 0.1116 | CR | OL | TypeA | 8 | 3 | Not Ok | Pass |
| 6 | 08:53 01-Jan-2005 | 0.8645 | MP | PA | TypeA | 8 | 2 | Not Ok | Pass |
| 7 | 08:56 01-Jan-2005 | 0.4288 | N | PA AC | TypeA | 3 | 9 | Not Ok | Pass |
| 8 | 09:49 01-Jan-2005 | 0.8755 | N | EF PA | TypeC | 2 | 9 | Ok | Not Pass |
| 9 | 11:38 01-Jan-2005 | 0.9878 | N | EF AC PA | TypeB | 1 | 5 | Ok | Not Pass |
| 10 | 12:17 01-Jan-2005 | 0.7700 | N | EF AC PA | TypeB | 3 | 8 | Ok | Not Pass |
| 11 | 14:57 01-Jan-2005 | 0.8674 | N | PA AC | TypeB | 5 | 1 | Not Ok | Not Pass |
| 12 | 15:54 01-Jan-2005 | 0.4172 | CR | PA AC | TypeC | 8 | 10 | Not Ok | Not Pass |
| 13 | 20:04 01-Jan-2005 | 0.9103 | N | EF AC PA | TypeA | 6 | 5 | Ok | Pass |
| 14 | 21:02 01-Jan-2005 | 0.0155 | MP | OL | TypeB | 4 | 5 | Not Ok | Not Pass |

FIGURE 8.8: Processus de fusion des données

Ce programme met en œuvre l'équation 5.7, page 80 ainsi que l'algorithme 3, page 92. Le calcul de $P(Me, Re, TP)$ est effectué selon 2 étapes : fusion de données historiques pour donner la probabilité $P(Me, Re, TP)$ et puis calculer $P(Me|Re, TP)$.

La figure 8.8 illustre l'étape de fusion de données historiques en se focalisant sur les produits de type A (cf. la ligne 49 du code). Afin de valider les informations à l'issue des compte-rendus, si à l'instant $t$ le résultat de l'équipement de Métrologie donne un résultat *Pass*, alors tous les produits de (*TypeA*) sont assignés à *Pass* pour les instants précédents jusqu'au moment où il y a eu un changement. Le principe reste le même pour *NotPass* (cf. lignes 52 et 53 de la figure 8.8).

Ensuite, nous calculons la probabilité $P(Me, Re, TP)$ en nous basant sur ces nouvelles données (cf. la ligne 5 du code dans la figure 8.9). A Partir de cela, nous estimons la probabilité $P(Me|Re, TP)$ à la ligne 6 de la figure 8.9.

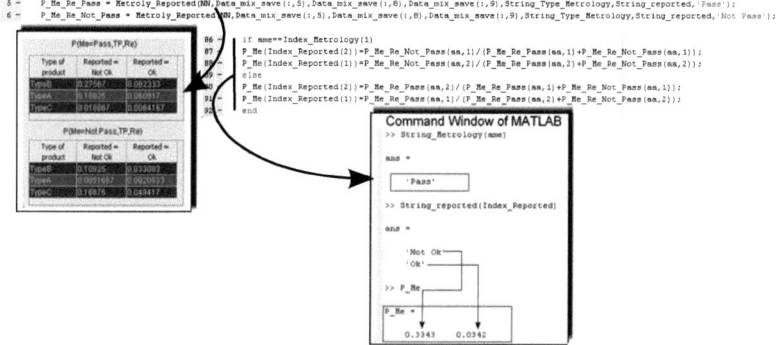

FIGURE 8.9: Processus de calcul la probabilité $P(Me|Re,TP)$

### 8.3.3 Processus de calcul en ligne du CLFI

Le calcul du CLFI est fait en ligne à chaque occurrence d'un compte rendu. Il s'agit donc pour cela de calculer les probabilités $P(Re_t|Re_{t-1})$, et $P(Re_t|\theta_t)$ tel que rappelé par l'équation 8.1, page 107.

La figure 8.10 illustre le code correspondant au calcul de $P(Re_t|Re_{t-1})$. Les calculs se font sur la base des résultats de l'apprentissage où $P(M\_states)$ permet de trouver $P(Re_t|Re_{t-1})$ (cf. les lignes de 65 à 77 du code).

La figure 8.1 illustre quant à elle le calcul en ligne du CLFI. Les lignes 102 et 109 reflètent de calcul de $P(Re_t|\theta_t)$ et les lignes 103 et 110 pour $P(Re_t|Re_{t-1},\theta_t)$.

Comme nous pouvons le constater dans la section 6.3 du chapitre 6, page 89, cette étape exécute des tâches à un instant $t$ tell que : le calcul de la probabilité $P(Re_t|Re_{t-1})$, et $P(Re_t|\theta_t)$ afin de calculer en ligne du CLFI par l'équation 8.1, page 107.

```
55   %                    Rt-1
56   %               Ok        Not Ok
57   %   R(t  )  Ok    b         d
58   %          Not Ok  a         c
59
60 -  if isempty(Parameter_disp)
61 -      Ret_1='OK';
62 -  else
63 -      Ret_1=Parameter_disp(size(Parameter_disp,1),8);
64 -  end
65 -  if strcmp(Reported,'Ok')
66 -      if strcmp(Ret_1,'Not Ok')
67 -          P_Ret_1_Ret=M_Ret_1_Ret(1,2);
68 -      else
69 -          P_Ret_1_Ret=M_Ret_1_Ret(1,1);
70 -      end
71 -  else
72 -      if strcmp(Ret_1,'Not Ok')
73 -          P_Ret_1_Ret=M_Ret_1_Ret(2,2);
74 -      else
75 -          P_Ret_1_Ret=M_Ret_1_Ret(2,1);
76 -      end
77 -  end
```

FIGURE 8.10: Programme de calcul de la probabilité $P(Re_t|Re_{t-1})$ à l'instant $t$

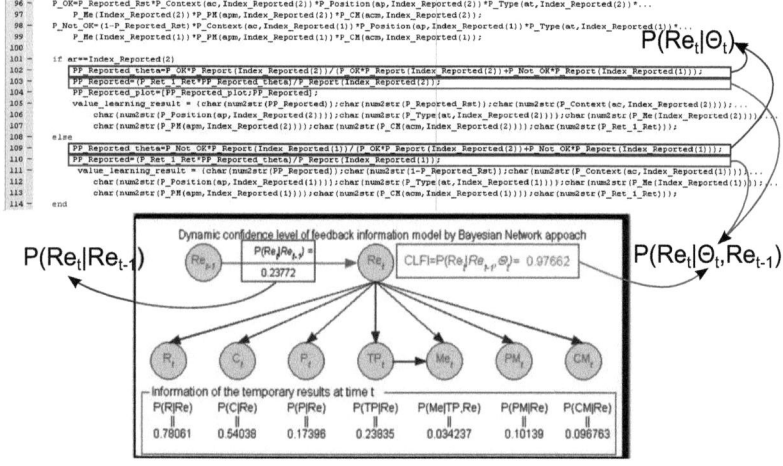

FIGURE 8.11: Programme de calcul du modèle CLFI

### 8.3.4 Interface de calcul du CLFI

Afin de faciliter l'utilisation de tels programmes nous avons développé une interface graphique sous Matlab qui dans la figure 8.12. Elle est structurée comme suit :
(1) . Données d'entrée (Données de la Production et du Métrologie).
(2) . Description de la structure du modèle.
(3) . Résultats temporaires de l'équation 5.6 .

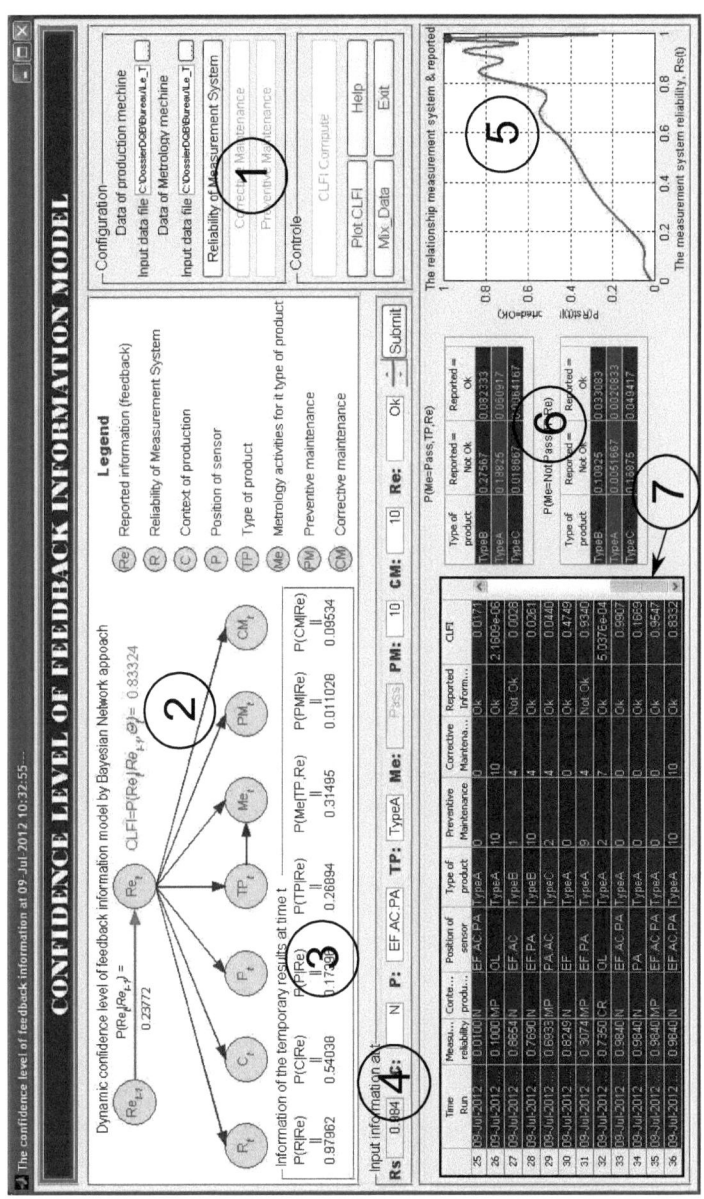

FIGURE 8.12: Interface de calcul CLFI

(4) . Compte-rendu à l'instant $t$.
(5) . Présentation de la probabilité $P(R|Re)$ au cours du temps.

(6) . Résultats temporaires de la probabilité *P(Me,TP,Re)*.
(7) . Présentation de tous les résultats calculés.

Si nous nous focalisons à la ligne 30 du cadre 7, pour les paramètres $R = 0.8249$; $C = N$, $P = EF$, $TypeA$, $PM = 0$, $CM = 0$, notre atelier logiciel à estimé à 47.49% la confiance qui peut être accordée au compte-rendu reçu attestant que l'opération exécutée l'a été faite avec succès (CR=OK).

## 8.4 Évaluation sur la base de scénarios

Dans la dernière section de ce manuscrit, nous nous proposons d'effectuer des inférences probabilistes afin de nous permettre de valider notre approche de calcul du CLFI. Les tests seront basés sur 3 scénarios (cf. table 8.1) de fonctionnement comme suit :

| Scenario | R | C | P | T | PM | CM | Re |
|---|---|---|---|---|---|---|---|
| Scenario A | 0.984 | N | EF.AC.PA | TypeA | 0 | 0 | Ok |
| Scenario B | 0.1 | MP | OL | TypeA | 10 | 10 | Ok |
| Scenario C | 0.984→0.1 | N | EF.AC.PA | TypeA | 0 | 0 | Ok |

TABLE 8.1: Scénarios d'exemple pour calculer le CLFI

Pour ces trois situations, nous nous attendons à ce que le modèle CLFI indique une bonne estimation de la confiance en fonction des évidences observées, fixées en entrée du modèle.

Afin de mettre en valeur les apports de notre approche nous montrerons également comment elle améliore le processus de diagnostic développé dans [29].

Scénario A : dans ce scénario, nous avons formulé un certain nombre d'hypothèses à savoir que la fiabilité du système de mesure est R = 98,40%. Le système considéré est exploité dans un contexte de production normal. Les capteurs sont placés dans toutes les chaînes fonctionnelles (P = EF.AC.PA). Les équipements n'ont pas subi de maintenances dans le passé (PM = 0, CM = 0) (ligne 1, cf. 8.13). Théoriquement, les compte-rendus de cet équipement qui vont être envoyés au niveau coordination devraient arriver avec un niveau de confiance très élevé (Compte-rendu = OK, CLFI = Très haut). C'est bien ce que nous obtenons (cf. 8.13)

Scénario B : dans ce scénario, nous considérons un système avec une faible fiabilité du système de mesure (R = 10%). Les capteurs ne

| | Time Run | Measu... reliability | Conte... produ | Position of sensor | Type of product | Preventive Maintenance | Corrective Maintenance | Repor... Infor... | CLFI |
|---|---|---|---|---|---|---|---|---|---|
| 1 | 09-Jul-2012 | 0.9840 | N | EF.AC.PA | TypeA | 0 | 0 | Ok | 0.9907 |
| 2 | 09-Jul-2012 | 0.9403 | N | EF.AC.PA | TypeA | 0 | 0 | Ok | 0.8787 |
| 3 | 09-Jul-2012 | 0.9109 | N | EF.AC.PA | TypeA | 0 | 0 | Ok | 0.8302 |
| 4 | 09-Jul-2012 | 0.8684 | N | EF.AC.PA | TypeA | 0 | 0 | Ok | 0.7748 |
| 5 | 09-Jul-2012 | 0.8210 | N | EF.AC.PA | TypeA | 0 | 0 | Ok | 0.7418 |
| 6 | 09-Jul-2012 | 0.8064 | N | EF.AC.PA | TypeA | 0 | 0 | Ok | 0.6599 |
| 7 | 09-Jul-2012 | 0.7935 | N | EF.AC.PA | TypeA | 0 | 0 | Ok | 0.5902 |
| 8 | 09-Jul-2012 | 0.7809 | N | EF.AC.PA | TypeA | 0 | 0 | Ok | 0.5361 |
| 9 | 09-Jul-2012 | 0.7177 | N | EF.AC.PA | TypeA | 0 | 0 | Ok | 0.4953 |
| 10 | 09-Jul-2012 | 0.6417 | N | EF.AC.PA | TypeA | 0 | 0 | Ok | 0.4892 |
| 11 | 09-Jul-2012 | 0.6111 | N | EF.AC.PA | TypeA | 0 | 0 | Ok | 0.4513 |
| 12 | 09-Jul-2012 | 0.5754 | N | EF.AC.PA | TypeA | 0 | 0 | Ok | 0.4074 |

FIGURE 8.13: Résultats de l'implémentation du scénario A

sont pas installés dans toutes les chaînes fonctionnelles (P = OL). Le système fonctionne dans un contexte de production stressé par un flux de produits important. Un nombre important de maintenances ont été réalisées sur cet équipement (PM = 10, CM = 10) dans le passé (ligne 36). Par conséquent, nous pouvons imaginer aisément que les compte-rendus envoyés par un tel équipement au niveau de la coordination seront à considérer avec doute. C'est bien ce que révèlent les résultats obtenus dans la figure 8.14

| | Time Run | Measu... reliability | Conte... produ | Position of sensor | Type of product | Preventive Maintenance | Corrective Maintena... | Reported Inform... | CLFI |
|---|---|---|---|---|---|---|---|---|---|
| 25 | 09-Jul-2012 | 0.0100 | N | EF.AC.PA | TypeA | 0 | 0 | Ok | 0.0171 |
| 26 | 09-Jul-2012 | 0.1000 | MP | OL | TypeA | 10 | 10 | Ok | 2.1609e-06 |
| 27 | 09-Jul-2012 | 0.8654 | N | EF.AC | TypeB | 1 | 4 | Not Ok | 0.0028 |
| 28 | 09-Jul-2012 | 0.7690 | N | EF.PA | TypeB | 10 | 4 | Ok | 0.0261 |
| 29 | 09-Jul-2012 | 0.6933 | MP | PA.AC | TypeC | 2 | 4 | Ok | 0.0440 |
| 30 | 09-Jul-2012 | 0.8249 | N | EF | TypeA | 0 | 0 | Ok | 0.4749 |
| 31 | 09-Jul-2012 | 0.3074 | MP | EF.PA | TypeA | 9 | 4 | Not Ok | 0.9340 |
| 32 | 09-Jul-2012 | 0.7350 | CR | OL | TypeA | 2 | 7 | Ok | 5.0376e-04 |
| 33 | 09-Jul-2012 | 0.9840 | N | EF.AC.PA | TypeA | 0 | 0 | Ok | 0.9907 |
| 34 | 09-Jul-2012 | 0.9840 | N | PA | TypeA | 0 | 0 | Ok | 0.1669 |
| 35 | 09-Jul-2012 | 0.9840 | MP | EF.AC.PA | TypeA | 0 | 0 | Ok | 0.9547 |
| 36 | 09-Jul-2012 | 0.9840 | N | EF.AC.PA | TypeA | 10 | 10 | Ok | 0.8332 |

FIGURE 8.14: Résultats de liés au scénario B

Scénario C : Nous considérons ici une haute fiabilité du système de mesure (R = 98,40%) pour ce scénario. L'équipement fonctionne dans un contexte de production normal avec la présence des capteurs dans toutes les chaînes fonctionnelles (P = EF.AC.PA). Il n'y a pas eu de maintenances réalisées dans le passé pour cet équipement (PM = 0, CM = 0). Cependant, contrairement au scénario A la fiabilité du système de mesure va être diminuée au cours du temps. Aussi, le CLFI devra lui même baisser au fil du temps. C'est bien ce que nous pouvons voir dans la figure 8.15.

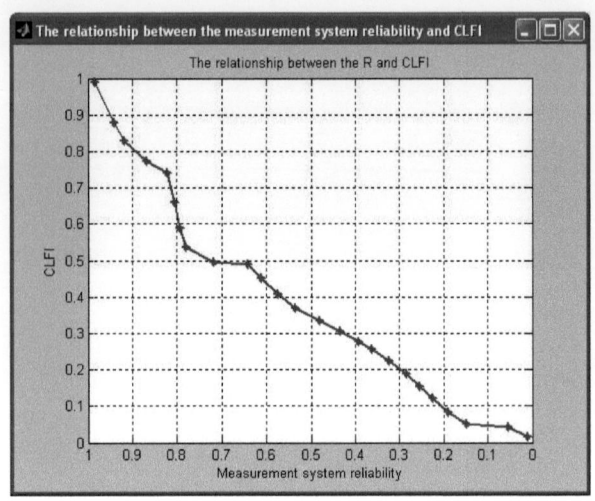

FIGURE 8.15: Relation entre R et CLFI dans le scénario C

## 8.5 Intégration au diagnostic de service

L'objectif n'est pas ici de reprendre dans leur intégralité les résultats de recherche développés par M. Eric DESCHAMPS sur la localisation d'équipements à l'origine de défauts possible. Le lecteur pourra se reporter à [29] pour cela, où à la synthèse proposée (cf. chapitre 2). Il s'agira de montrer simplement comment l'approche que nous avons proposée s'intègre au diagnostic de service.

Cette intégration a pris ici la forme d'un nouvel atelier logiciel que nous avons structuré comme suit :

Ce dernier intègre non seulement le mécanisme de réduction du modèle de diagnostic (oubli de toute opération dont le $CLFI = 1$ ), le mécanisme de calcul du CLFI et enfin le processus de propagation du doute permettant de localiser les équipements à l'origine probable du défaut produit détecté en métrologie.

La figure 8.17 représente l'interface logicielle que nous avons développée. Au sein de cette interface nous pouvons visualiser le fait qu'un produit B est en cours de traitement ; il est passé sur l'équipement M2 *Thin Films* puis M4 *Clearning* puis enfin en métrologie où il est rejeté *(NotPass)* .

Le modèle de diagnostic correspondant (cf. figure 8.17) permet de considérer que les deux opérations précédentes doivent être considérées comme suspectes. Cependant désormais chacune d'entre elles est

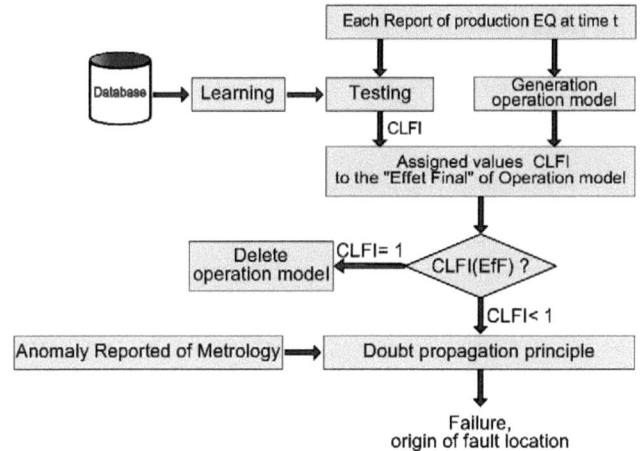

FIGURE 8.16: Intégration du CLFI au système de diagnostic

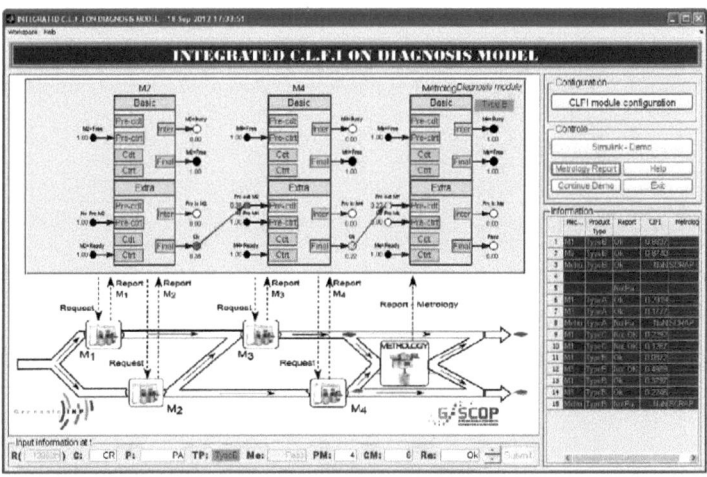

FIGURE 8.17: Atelier logiciel de diagnostic par CLFI

fournie avec un niveau de confiance ici 22% pour M4 et 38% M2 qui permet d'orienter l'opérateur sur la priorité à donner à un contrôle machine ; ici, il sera conseillé de visiter l'équipement M4 en tout premier lieu.

## 8.6 Conclusion

Dans ce chapitre, nous avons mené notre approche jusqu'à sa validation sur la base d'un cas d'étude largement inspiré d'un cas réel issu de l'industrie du semi conducteur. Il s'est agi notamment de prouver que les modèles ainsi que les algorithmes proposés répondent à nos attentes.

Ces derniers ont été développés sous Matlab. Les toolbox du domaine ont été volontairement écartées de l'activité de codage afin de privilégier la maitrise des développements actuels et évolutions et adaptations futures. Dans un soucis permanent d'intégration nous avons également développé des interfaces hommes/machines facilitant la prise en main de l'approche que ce soit durant la phase d'apprentissage du modèle, de celle du calcul du CLFI ou encore celle pour l'aide à la localisation des équipements à l'origine du défaut produit détecté en phase de métrologie.

L'ensemble a été évalué sur différents scénarios nous encourageant à pousser cette évaluation désormais plus loin, à savoir en situation réelle sur en atelier semi-conducteur.

# Conclusion générale

Les travaux que nous avons présentés dans ce document traitent de la surveillance et de la supervision des dérives des équipements de production ayant un impact sur la qualité des produits fabriqués. Ils font suite à ceux déjà réalisés [112], [69], [49] et [29] et visent en particulier à fournir des indicateurs permettant d'améliorer le processus de localisation (diagnostic de services) des équipements responsables de défauts de fabrication.

La contribution de nos travaux réside dans l'élaboration d'une approche d'estimation de la confiance qui peut être accordée aux comptes rendus d'exécution attestant de la réalisation d'une opération sur un produit ou un lot de produits par un équipement de production.

Le formalisme de modélisation que nous avons proposé s'appuie sur une classe de modèles graphiques probabilistes à savoir les réseaux Bayésiens, outils largement déployés dans les domaines tels que la maintenance, l'analyse des risques et plus généralement la sûreté de fonctionnement. Ce formalisme jeune présente des particularités appréciables telles que ses capacités de modélisation graphique synthétique facilitant l'acquisition de la connaissance ainsi que son utilisation. D'autre part, de nombreux algorithmes et outils sont disponibles (Matlab, ProBT, etc) assurant ainsi une intégration et une prise en main intéressante.

En fonction des besoins et des contraintes industrielles (compromis complexité d'apprentissage / performance), nous avons proposé différents modèles, allant de la mise en application de modèles existant dans la littérature jusqu'à proposer des extensions ayant pour conséquence la proposition et le développement de nouveaux modèles. Ainsi, si les données historiques sont incomplètes et/ou incertaines, si les paramètres ayant un impact sur le CLFI sont dépendants et discrets et enfin que les relations entre ces paramètres sont de type causales tem-

porelles, alors avons-nous proposé un nouveau modèle appelé RBDMC caractérisé par :
- Une prise en compte de données complexes, incertaines et incomplètes,
- Une estimation de la confiance du compte-rendu en ligne sur la base de paramètres courants (à l'instant t) de l'équipement considéré,
- Une prise en compte des états précédents (instant t-1).

Partant des modèles développés, nous avons ensuite proposé une approche algorithmique permettant non seulement d'automatiser la phase d'apprentissage des modèles mais également de calculer en ligne des indices de confiances accordés aux comptes rendus émis par les équipements de production. Ces indices peuvent être vus comme des scores affectés à chacun des CR.

La démarche, novatrice, a été menée jusqu'à son développement logiciel et à son intégration à des fins de diagnostic de services en ligne, rejoignant ainsi l'approche développée par [29].

Au terme de ces travaux, plusieurs axes de recherche se dégagent pour envisager, du point de vue des perspectives, de prolonger l'étude menée pendant ces trois ans.

A court terme, quatre axes d'investigations peuvent être envisagés :

Dans un premier temps, sur la base de l'atelier logiciel développé, une intégration sur site réel devra être envisagée de manière à valider in situ et donc à échelle réelle notre approche. Cette validation devra être menée de manière progressive et en collaboration étroite avec les équipes maintenance et IT de l'entreprise. Les retours d'expériences devront contribuer à l'affinement des modèles proposés. La mise en exergue d'autres paramètres à prendre en compte pourra être envisagée, cela ne remettant pas en cause la généricité de l'approche proposée.

Deuxièmement, nous devons envisager de lever l'hypothèse de bon fonctionnement des équipements de métrologie. En effet, ces dernièr ne sont pas exempts de défaillances, en particulier au niveau de leur système de captage. Le concept de CLFI peut tout à fait être appliqué ici. Il faudra dans ce cas mener une analyse fine de ce type d'équipement qui n'est pas soumis aux mêmes contextes de fonctionnement que ceux de production et ainsi élaborer les modèles appropriés.

Troisièmement, il nous semble pertinent de lancer une étude comparative de l'approche ici proposée avec celles développées dans le cadre de l'évaluation de l'état de santé des équipements production. Bien que les objectifs et les objets considérés ne sont pas les mêmes, estimation de la confiance d'un compte rendu (i.e. le produit a-t-il été correctement fabriqué) d'une part, et prédiction de l'état de santé de l'équipement de production d'autre part, il n'en demeure pas moins qu'elles donnent toutes deux des indicateurs précieux pour envisager avancer ou retarder une maintenance préventive. Si l'état de santé d'une machine se dégrade, une maintenance doit être envisagée ; l'indice de confiance doit d'ailleurs normalement lui aussi baisser. Mais n'est-ce pas la même attitude à avoir si la confiance d'un compte rendu baisse, sachant que ce n'est pas parce qu'un indice de confiance chute que cela signifie que l'état de santé de l'équipement chute également (non réciprocité ici) ?

A moyen terme, nous proposons de mettre en perspective quatre orientations de recherche possibles :

Premièrement, rappelons que notre approche est basée sur un apprentissage lié à l'historique des équipements de production et de métrologie. Le fait même d'introduire notre outil d'estimation de la confiance de comptes rendus dans un atelier aura nécessairement pour effet de modifier à court ou moyen terme la vie des équipements considérés ainsi que le comportement des opérateurs de maintenance. Le modèle initialement appris se verra donc progressivement ne plus représenter la nouvelle vie de l'équipement (de nouveaux paramètres seront à considérer par exemple). Il est important ici de pouvoir caractériser « quand » le modèle ne sera plus suffisamment adapté pour envisager de lancer un nouvel apprentissage. Plusieurs pistes peuvent à ce jour être envisagées, comme par exemple la planification à temps fixe de réactualisation (optimalité ?), ou encore la mise en place d'un nouveau indicateur de péremption du modèle (« confiance de la confiance » ?).

Deuxièmement, la problématique doit être considéré de l'erreur de modélisation. Plusieurs pistes ici peuvent être envisagées comme par exemple le « rajout » d'une distribution, une réactualisation bayésienne des paramètres déterministes des modèles, etc. Il faudra distinguer les cas où l'on dispose de points de comparaison permettant de mettre en exergue ces erreurs, d'autres où cette comparaison n'est pas envisageable. Il s'agit donc de développer des recherches centrées sur l'identification des sources d'incertitudes des modèles ; les travaux de [31] et [82] sont dans ce cas à considérer comme point de départ.

Troisièmement, notre approche pourra trouver de nouvelles pistes de développement dans le cadre de la conception et de la mise au point des « routages » produits dans un atelier de production. En effet, disposant désormais d'un outil d'évaluation de la confiance des équipements de production, un ensemble d'historiques de CLFI pourrait être retenu en tant que nouveau critère supplémentaire à prendre en compte pour optimiser le routage des produits sur un parc de machines caractérisé par une forte flexibilité physique.

Par ailleurs, à plus long terme il faudrait envisager l'application de nos travaux de recherche à d'autres domaines d'application comme par exemple l'aéronautique, le nucléaire, l'énergie, etc...

# Bibliographie

[1] AFNOR. Norme nf x50-151 - "analyse de la valeur, analyse fonctionnelle - expression fonctionnelle du besoin et cahier des charges fonctionnel", 12/1991.

[2] Bruno Agard and Michel Tollenaere. Conception d'assemblages pour la customisation de masse (design of assembly for mass customization). *Mnique & Industries*, 3(2) :113–119, 2002.

[3] Adel Alaeddini and Ibrahim Dogan. Using bayesian networks for root cause analysis in statistical process control. *Expert Systems with Applications*, 38(9) :11230–11243, 2011.

[4] Hor Hugo AvilArriaga, Luis Enrique Sucar, and Carlos Eduard Mendoza. Visual recognition of gestures using dynamic naive bayesian classifiers. In *The 12th IEEE International Workshop on Robot and Human Interactive Communication, RO-MAN*, 2003.

[5] H.H. AvilArriaga, L.E. Sucar-Succar, C.E. Mendoza-Dur and L.A. Pineda-Cort A comparison of dynamic naive bayesian classifiers and hidden markov models for gesture recognition. *Journal of Applied Research and Technology*, 9 :81–102, 2011.

[6] S. Baghdadi, G. Gravier, C. H. Demarty, and P. Gros. Structure learning in a bayesian network-based video indexing framework. In *IEEE International Conference on Multimedia and Expo, 2008*, pages 677–680, 2008.

[7] G. Baweja and B. Ouyang. Cim strategy for semiconductor fab-building blocks approach. In *The Ninth International Symposium on Semiconductor Manufacturing. Proceedings of ISSM*, pages 241 –244, 2000.

[8] Irad Ben Gal. Bayesian networks. In F. Ruggeri, R. Kenett, and

F. W. Faltin, editors, *Encyclopedia of statistics in quality and reliability*. John Wiley and Sons, 2007.

[9] P. Berruet. *Contribution au recouvrement des systs flexibles de production manufacturi : analyse de la tolnce et reconfiguration*. Ph.d. thesis, Universits Sciences et Technologies de Lille, France, December 1998.

[10] P. Berruet, A.K.A. Toguyeni, S. Elkhattabi, and E. Craye. Toward an implementation of recovery procedures for flexible manufacturing systems supervision. *Computers in Industry*, 43(3) :227 – 236, 2000.

[11] Pascal Berruet. *Contribution au recouvrement des systs flexibles de production manufacturi : analyse de la tolnce et reconfiguration*. PhD thesis, L'universits sciences et techniques de Lille, 1998.

[12] Phil Blunsom. Hidden Markov Models. Lecture notes, 2004.

[13] M. F. Bouaziz, E. Zamai, F. Duvivier, and S. Hubac. Dependability of complex semiconductor systems : Learning bayesian networks for decision support. In *The 3rd International Workshop on Dependable Control of Discrete Systems (DCDS)*, pages 7–12, 2011.

[14] Amine Boufaied. *Contribution Surveillance Distribues Systs ments Discrets Complexes*. PhD thesis, Universitul Sabatier, 2003.

[15] W. Buntine. A guide to the literature on learning probabilistic networks from data. *IEEE Transactions on Knowledge and Data Engineering*, 8(2) :195 –210, apr 1996.

[16] F. Camci and R. B. Chinnam. Dynamic bayesian networks for machine diagnostics : hierarchical hidden markov models vs. competitive learning. In *IEEE International Joint Conference on Neural Networks. Proceedings of IJCNN '05*, volume 3, pages 1752–1757, 2005.

[17] Y. Chanthery, Elodie ; PencolMonitoring and active diagnosis for discrete-event systems. In *The 7th IFAC Symposium on Fault Detection, Supervision and Safety of Technical Processes*, Spain, 2010.

[18] H. C. Cho and S. M. Fadali. Online estimation of dynamic bayesian network parameter. In *International Joint Conference on Neural Networks, IJCNN '06*, pages 3363–3370, 2006.

[19] CIM. A reference model for computer integrated manufacturing from the viewpoint of industrial automation. In *International Journal of Computer Intergrated Manufacturing*, volume 2, pages 114–127, 1989.

[20] Michel Combacau. *Commande et surveillance des systs ment discrets complexes : appliaction aux ateliers flexible*. PhD thesis, Universitulouse Paul Sabatier, 1991.

[21] Michel Combacau, P Burruet, E Zamai, P Charbonnaud, and A Khatab. Supervision and monitoring of production systems. In *The IFAC 2nd Conference on Management and Control of Production and Logistics (MCPL'00)*, Grenoble, France., 2000.

[22] G. Corani, A. Antonucci, and M. Zaffalon. *Bayesian Networks with Imprecise Probabilities : Theory and Application to Classification*. Number 49-93. Springer Berlin Heidelberg, 2010.

[23] Leng Cuiping, Wang Shuangcheng, and Wang Hui. Learning naive bayes classifiers with incomplete data. In *International Conference on Artificial Intelligence and Computational Intelligence, AICI '09*, volume 4, pages 350–353, 2009.

[24] Thomas Dean and Keiji Kanazawa. A model for reasoning about persistence and causation. *Computational Intelligence*, 5(3) :142–150, 1989.

[25] R. Debouk, S. Lafortune, and D. Teneketzis. Coordinated decentralized protocols for failure diagnosis of discrete event systems. In *IEEE International Conference on Systems, Man, and Cybernetics*, volume 3, pages 3010 –3011, oct 1998.

[26] A. P. Dempster. Upper and lower probabilities induced by a multivalued mapping. *Annals of Mathematical Statistics*, 38 :325–339, 1967.

[27] A. P. Dempster, N. M. Laird, and D. B. Rubin. Maximum likelihood from incomplete data via the em algorithm. *Journal of the Royal Statistical Society. Series B (Methodological)*, 39(1) :1–38, 1977.

[28] Thierry. Denoeux and Grd. Govaert. Combined supervised and unsupervised learning for system diagnosis using dempster-shafer theory. *CESA96 IMACS Multiconference, Computational Engineering Applications. Symposium on Control, Optimization and Supervision, Lille, France*, 1 :104–109, 1996.

[29] Eric Deschamps. *Diagnostic de services pour la reconfiguration dynamique de systs ments discrets complexes*. PhD thesis, Laboratoire des Sciences pour la Conception, l'Optimisation et la Production de Grenoble (G-SCOP), 2007.

[30] B.S. Dhillon. Dynamic reliability evaluation models. In B.S. Dhillon, editor, *Reliability, Quality, and Safety for Engineers*. Taylor & Francis, 2005.

[31] O. Ditlevsen. Model unvertainty in structural reliability. *Structural Safety*, 1 :73–86, 1982.

[32] Pedro Domingos and Michael Pazzani. On the optimality of the simple bayesian classifier under zero-one loss. *Machine Learning - Special issue on learning with probabilistic representations*, 29(2-3) :103–130, 1997.

[33] Aaron D'Souza. Using em to estimate a probability density with a mixture of gaussians. Technical report, www.cs.utah.edu, 2002.

[34] Quoc-Bao Duong, Eric Zamai, and Khoi-Quoc Tran-Dinh. Confidence estimation of feedback information for logic diagnosis. *The International Journal of Intelligent Real-Time Automation, Engineering Applications of Artificial Intelligence (EAAI)*, 26(3) :1149 – 1161, 2012.

[35] Quoc-Bao Duong, Eric Zamai, and Khoi-Quoc Tran-Dinh. Confidence estimation of feedback information using dynamic bayesian networks. In *The 38th Annual Conference of the IEEE Industrial Electronics Society IECON'12, Montr, Canada.*, 2012.

[36] Quoc-Bao Duong, Eric Zamai, and Khoi-Quoc Tran-Dinh. Confidence of reported information for real time in diagnosis of complex discrete events systems : A semiconductor application. In *The 14th IFAC Symposium on Information Control Problems in Manufacturing, INCOM'12, Bucharest, Romania*, 2012.

[37] Quoc-Bao Duong, Eric Zamai, and Khoi-Quoc Tran-Dinh. New concept to compute confidence of reported information level for logic diagnosis. In *The 9th International Conference on Modeling, Optimization & SIMulation, MOSIM'12, Bordeaux, France.*, 2012.

[38] E. Fagiuoli and M. Zaffalon. Tree-augmented naive credal classifiers. In *In IPMU 2000 : Proceedings of the 8th Information Processing and Management of Uncertainty in Knowledge-Based Systems Conference, Universidad Politica de Madrid, Spain*, pages 1320–1327, 1999.

[39] M. P. Fanti and C. Seatzu. Fault diagnosis and identification of discrete event systems using petri nets. In *The 9th International Workshop on Discrete Event Systems, WODES*, pages 432–435, 2008.

[40] Mitra Fouladirad and Igor Nikiforov. Optimal statistical fault detection with nuisance parameters. *Automatica*, 41(7) :1157 – 1171, 2005.

[41] Nir Friedman, Dan Geiger, and Moises Goldszmidt. Bayesian network classifiers. *Machine Learning*, 29(2-3) :131–163, 1997.

[42] Zoubin Ghahramani. Learning dynamic bayesian networks. In *Adaptive Processing of Sequences and Data Structures*, pages 168–197. Springer-Verlag, 1998.

[43] Zoubin Ghahramani. Hidden markov models. In *Journal of Parrem Recognition and Arrificial Inrelligence*, volume 15, chapter An introduction to hidden Markov models and Bayesian networks, pages 9–42. World Scientific Publishing Co., Inc., River Edge, NJ, USA, 2001.

[44] A. Ghariani, A. K. A. Toguyéni, and E. Craye. A functional graph approach for alarm filtering and fault recovery for automated production systems. In *Proceedings of the Sixth International Workshop on Discrete Event Systems (WODES'02)*, WODES '02, pages 289–295, Washington, DC, USA, 2002. IEEE Computer Society.

[45] W. R. Gilks, S. Richardson, and Spiegelhalter. *Markov Chain Monte Carlo in Practice*. Chapman & Hall CRC, 1995.

[46] David Gouyon, Jean-Frans Pn, and Alexia Gouin. A pragmatic approach for modular control synthesis and implementation. *International Journal of Production Research*, 2(14) :2839–2858, 2004. ISSN 0020-7543.

[47] Zahra Hamou Mamar. *Analyse Temps-helle et Reconnaissance des Formes pour le Diagnostic du Syst de Guidage d'un Tramway sur Pneumatiques*. PhD thesis, UNIVERSITE BLAISE PASCAL - CLERMONT II, 2008.

[48] W Hamscher, L Consol, and J. D. Kleer. Reading on model-based diagnosic. In *Morgan Kaufmann*, San Mateo, CA, Etats-Unis., 1992.

[49] Sstien Henry. *Synth de Lois de Commande pour la Configuration et la Reconfiguration des Systs Industriels Complexes*. PhD thesis, Institut National Polytechnique de Grenoble, 2005.

[50] Sstien Henry, Eric Zamai, and Mireille Jacomino. Logic control law design for automated manufacturing systems. *Engineering Applications of Artificial Intelligence*, 25, Issue 4 :824–836, 2012.

[51] Tom Hill and Steve Nettles. Advanced process control framework initiative. In SPIE, editor, *Plug and Play Software for Agile Manufacturing*, volume 304 of *Proc. SPIE 2913*, January 21 1997.

[52] Stane Hubac, Frederic Duvivier, Eric Zamai, and Aymen Mili. Predictive maintenance supported by advanced process control (apc) opens new equipment engineering and manufacturing opportunities. In *The 21st Advanced Semiconductor Manufacturing Conference, ASMC 2010, San Francisco*, 2010.

[53] Bertrand Huvenoit, Jean Pierre Bourey, and Etienne Craye. Design and implementation methodology based on petri net formalism of flexible manufacturing systems control. *Production Planning & Control*, 6(1) :51–64, 1995.

[54] Peter Jackson. *Introduction to Expert Systems*. Addison-Wesley Longman Publishing Co., Inc., Boston, MA, USA, 2nd edition, 1998.

[55] Ren Jiangtao, Lee Sau Dan, Chen Xianlu, Kao Ben, R. Cheng, and D. Cheung. Naive bayes classification of uncertain data. In

*Ninth IEEE International Conference on Data Mining, ICDM '09*, pages 944–949, 2009.

[56] A. Jones and A. Saleh. A multi-layer/multi-level control architecture for computer integrated manufacturing systems. In *The 15th Annual Conference of IEEE, Industrial Electronics Society, IECON '89*, volume 3, pages 519–525, 1989.

[57] Michael I. Jordan. *Learning in graphical models*. MIT Press, Cambridge, MA, USA, 1999.

[58] Roy Kelner and Boaz Lerner. Learning bayesian network classifiers by risk minimization. *International Journal of Approximate Reasoning*, 53(2) :248–272, 2012.

[59] Kevin B. Korb and Ann E. Nicholson. *Bayesian Artificial Intelligence*. Chapman & Hall-CRC, 2004.

[60] Stephane Lafortune, Demosthenis Teneketzis, Meera Sampath, Raja Sengupta, and Kasim Sinnamohideen. Failure diagnosis of dynamic systems : An approach based on discrete event systems. In *The American Control Conference*, volume 25, pages 2058–2071, 2001.

[61] E. Lefevre, O. Colot, and P. Vannoorenberghe. Belief function combination and conflict management. *Information Fusion*, 3(2) :149 – 162, 2002.

[62] Eric Lefevre, Jean paul Manata, and Daniel Jolly. Classification par la thie de l'dence pour la gestion de tourne vcules. In *14 congrrancophone de Reconnaissance des Formes et d'Intelligence Artificielle, RFIA*, 2004.

[63] Philippe. Leray. *Raux bayens : apprentissage et modsation de systs complexes*. Habilitation a diriger les recherches - spalitformatique, automatique et traitement du signal, Drtement ASI, INSA de Rouen, Universit Rouen, UFR des Sciences, Novembre, 2006.

[64] Daniel Lowd and Pedro Domingos. Naive bayes models for probability estimation. In *Proceedings of the 22nd international conference on Machine learning*, volume 119 of *ICML '05*, pages 529–536, New York, NY, USA, 2005. ACM.

[65] Critina Elena Manfredotti. *Modeling and inference with relational dynamic bayesian network.* PhD thesis, Universit Milano - Bicocca, 2009.

[66] Arnaud Martin. *La fusion d'informations.* Technical report, Polycopi cours ENSIETA, Janvier 2005.

[67] V.M. Martinez and T.F. Edgar. Control of lithography in semiconductor manufacturing. *Control Systems, IEEE,* 26(6) :46 –55, dec. 2006.

[68] Miriam Martz and Luis Enrique Sucar. Learning dynamic naive bayesian classifiers. *Proceedings of the Twenty-First International Florida Artificial Intelligence Research Society Conference, May 15-17, 2008, Coconut Grove, Florida, USA,* 2008.

[69] Hor Mendez Auzua. *Systh de lois de surveillance pour les procs inductriels complexes.* PhD thesis, Institut National Polytechnique de Grenoble, 2002.

[70] Aymen Mili. *Vers Des Modes Fiables De Contrle Des Procs Par La Maise Du Risque - Contribution La Fiabilisation Des Modes De Process Control D'une Unit Recherche Et De Production De Circuits Semi-Conducteurs.* Ge industriel, L'Institut polytechnique de Grenoble, 2009.

[71] Kevin Patrick Murphy. *Dynamic Bayesian Networks : Representation, Inference and Learning.* PhD thesis, University of California, Berkeley, 2002.

[72] Patrick Na Pierre-Henri Wuillemin, Philippe Leray, Olivier Pourret, and Anna Becker. *Raux bayens.* Algorithmes. Eyrolles, 2004 (05-Gap), Paris, 2004. La couv. porte en plus : Introduction intuitive aux raux bayens ; Fondements thiques et algorithmes ; Modologie de mise en oeuvre ; Domaines d'application et des de cas dill ; Outils logiciels : Bayes Net Toolbox, BayesiaLab, Hugin et Netica.

[73] Detlef Nauck, Frank Klawonn, and Rudolf Kruse. *Foundations of Neuro-Fuzzy Systems.* Wiley, 1997.

[74] Radu Stefan Niculescu, Tom M. Mitchell, and R. Bharat Rao. Bayesian network learning with parameter constraints. *Machine Learning Research,* 7 :1357–1383, December 2006.

[75] E Niel and E Craye. *Maise des risques et sret fonctionnement des systs de production*. HermLavoisier, 2002.

[76] Frans Olivier. *De l'identification de structure de rux bayens reconnaissance de formes rtir d'informations compls ou incompls*. PhD thesis, Institut National des Sciences Appliqu de Rouen, 2006.

[77] Frans Olivier and Leray. Philippe. Apprentissage de structure des raux bayens et donn incompls. In *5s Journ d'Extraction et de Gestion des Connaissances (EGC)*, volume RNTI-E-3 of *Revue des Nouvelles Technologies de l'Information*, pages 127–132. Cduitions, 2005.

[78] Frans Olivier and Leray. Philippe. Learning the tree augmented naive bayes classifier from incomplete datasets. In *Proceedings of the Third European Workshop on Probabilistic Graphical Models (PGM'06), ISBN : 80-86742-14-8*, pages 91–98, Prague, Czech Republic, September 2006.

[79] Miguel Palacios-Alonso, Carlos Brizuela, and L. Sucar. Evolutionary learning of dynamic naive bayesian classifiers. *Journal of Automated Reasoning*, 45(1) :21–37, 2010.

[80] Michael J. Pazzani. Searching for dependencies in bayesian classsiers. In *Preliminary Papers of the 5th International Workshop on Artificial Intelligence and Statistics*, 1995.

[81] Judea Pearl. Reasoning with belief functions : An analysis of compatibility. *International Journal of Approximate Reasoning*, 4 :363–389, 1990.

[82] M. Pendola. *Fiabilits structures en contexte d'incertitudes statistiques et d'rts de modsation*. PhD thesis, Universit Blaise Pascal, Clermont-Ferrand II, 2000.

[83] J Perrin, J.J Binet, Fand Dumery, C Merlaud, and J.P Trichard. *Automatique et informatique industrielle : Bases thiques, modologiques et techniques*. Nathan Technique, 2004.

[84] S. Populaire. Introduction aux rux bayens. In *Rapport interne du laboratoire SIME*, Universit Technologie de Compie, 2000.

[85] Michael Quirk and Julian Serda. *Semiconductor Manufacturing Technology*. ISBN : 0130815209. Prentice Hall, 2001.

[86] Jagath C. Rajapakse and Juan Zhou. Learning effective brain connectivity with dynamic bayesian networks. *NeuroImage*, 37(3) :749–760, 2007.

[87] Marco Ramoni and Paola Sebastiani. Robust bayes classifiers. *Artificial Intelligence*, 125(1-2) :209–226, 2001.

[88] P. Ribot, Y. Pencolnd M. Combacau. Diagnosis and prognosis for the maintenance of complex systems. In *IEEE International Conference on Systems, Man and Cybernetics, SMC'09*, pages 4146–4151, 2009.

[89] Mohamed Sallak. *Evaluation de parames de sret fonctionnement en prnce d'incertitudes et aide conception : Application aux Systs Instrumente Srit*. These, Institut National Polytechnique de Lorraine - INPL, October 2007.

[90] John Scanlan and Kevin O'Leary. Knowledge-based process control for fault detection and classification. In *Proc. SPIE 5044, Advanced Process Control and Automation*, June 2003.

[91] Sematech. Advanced process control framework initiative (apcfi). proposal summary and plan. Technology Transfer 96093181A-ENG, Sematech, September, 30 1996.

[92] Sematech. Advanced process control framework initiative (apcfi) 1.0. specifications. Technology Transfer 97063300A-ENG, Sematech, June 30 1997.

[93] Glenn Shafer. *A Mathematical Theory of Evidence*. Princeton University Press, 1976.

[94] Muhammad Kashif Shahzad, Stephane Hubac, Ali Siadat, and Michel Tollenaere. An interdisciplinary fmea methodology to find true dfm challenges. In *12th European Advanced Process Control and Manufacturing Conference*, Grenoble, France, April 2012.

[95] A. Shamshad, M. A. Bawadi, W. M. A. Wan Hussin, T. A. Majid, and S. A. M. Sanusi. First and second order markov chain models for synthetic generation of wind speed time series. *Energy*, 30(5) :693–708, 2005.

[96] C. Simon and P. Weber. Bayesian networks implementation of the dempster shafer theory to model reliability uncertainty. In *The First International Conference on Availability, Reliability and Security, ARES'06.*, pages 6–12, 2006.

[97] Christophe Simon, Philippe. Weber, and Jean-Frans. Aubry. Fiabilitprse par les raux de fonctions de croyance. In *16e Congre Maise des Risques et de Sret Fonctionnement, Avignon, France*. Centre de recherche en automatique de Nancy (CRAN), 2008.

[98] Christophe Simon, Philippe Weber, and Eric Levrat. Bayesian networks and evidence theory to model complex systems reliability. *JCP*, 2(1) :33–43, 2007.

[99] Philippe Smets. What is dempster-shafer's model ? In Ronald R. Yager, Janusz Kacprzyk, and Mario Fedrizzi, editors, *Advances in the Dempster-Shafer theory of evidence*, pages 5–34. John Wiley & Sons, Inc., New York, NY, USA, 1994.

[100] Philippe Smets and Robert Kennes. The transferable belief model. *Artificial Intelligence*, 66 :191–234, 1994.

[101] Tom Sonderman and Costas Spanos. Advanced process control in semiconductor manufacturing. A webcast lecture - the presentation, Computing and Systems Technology, CAST, 10 2005.

[102] Mark Stamp. A revealing introduction to hidden markov models, 2012.

[103] J.M. Tacnet, D. Richard, J. Dezert, and Mireille Batton-Hubert. Aide  dsion et fusion d'information pour l'expertise des risques naturels : analyse de l'efficacits ouvrages de protection. In *6s journ de la fiabilits mataux et des structures (JFMS'10), Toulouses, France*, pages 21–27, Toulouse, France, 2010.

[104] Ho Phuoc Tien. *Dloppement et mise en oeuvre de mods d'attention visuelle*. PhD thesis, L'Institut polytechnique de Grenoble, 2010.

[105] V. Venkatasubramanian. A review of process fault detection and diagnosis part iii : Process history based methods. *Computers Chemical Engineering*, 27(3) :327–346, March 2003.

[106] Yin Wang, Tae-Sic Yoo, and Stéphane Lafortune. Diagnosis of discrete event systems using decentralized architectures. *Discrete Event Dynamic Systems*, 17 :233–263, 2007.

[107] Philippe Weber and Lionel Jouffe. Reliability modelling with dynamic bayesian networks. In *The 5th IFAC Symposium on Fault Detection, Supervision and Safety of Technical Processes (SAFEPROCESS'03), Washington, D.C., USA*, pages 57–62. IFAC, 2003. SURFDIAG.

[108] G. Weidl, A. L. Madsen, and S. Israelson. Applications of object-oriented bayesian networks for condition monitoring, root cause analysis and decision support on operation of complex continuous processes. *Computers & Chemical Engineering*, 29(9) :1996–2009, 2005.

[109] C Witteveen, N Roos, R Van der Krogt, and M. Weerdt. Diagnostic of single and multi-agent plans. In *The 4th international conference on Autonomous Agents and Multi-agent systems*, Utrecht, Nouvelle-Znde., 2005.

[110] E. Zamai, A. Chaillet-Subias, and M. Combacau. An architecture for control and monitoring of discrete events systems. *Computers in Industry*, 36(1-2) :95–100, 1998.

[111] E. Zamai, Audine Chaillet-Subias, M. Combacau, and Agnan de Bonneval. An hierarchical structure for control of discrete systems and monitoring of process failures. *Studies in Informatics and Control*, 6 :7–16, 1997.

[112] Eric Zamai. *Architecture de Surveillance - Commande pour les Systs ment Discrets Complexes*. PhD thesis, Laboratoire d'Analyse et d'Architecture de Systs (LAAS), 1997.

[113] G Zwingelstein. Diagnostic des dillances : Thie et partique pour les systs industriels. In *Hermes Science Publications*, 1995.

Oui, je veux morebooks!

# i want morebooks!

Buy your books fast and straightforward online - at one of the world's fastest growing online book stores! Environmentally sound due to Print-on-Demand technologies.

Buy your books online at
**www.get-morebooks.com**

---

Achetez vos livres en ligne, vite et bien, sur l'une des librairies en ligne les plus performantes au monde!
En protégeant nos ressources et notre environnement grâce à l'impression à la demande.

La librairie en ligne pour acheter plus vite
**www.morebooks.fr**

OmniScriptum Marketing DEU GmbH
Heinrich-Böcking-Str. 6-8
D - 66121 Saarbrücken
Telefax: +49 681 93 81 567-9

info@omniscriptum.de
www.omniscriptum.de

Printed by Books on Demand GmbH, Norderstedt / Germany